中国孩子爱问的

为什么

‖ 注音美绘版 ‖

·领先的技术·

朱家礼 主编　　方晓磊 编著

时代出版传媒股份有限公司
安徽科学技术出版社

图书在版编目(CIP)数据

领先的技术 / 方晓磊编著. -- 合肥：安徽科学技术
出版社,2023.9
　　(中国孩子爱问的为什么：注音美绘版)
　　ISBN 978-7-5337-6655-9

　　Ⅰ.①领…　Ⅱ.①方…　Ⅲ.①科学技术一少儿读物
Ⅳ.①N49

　　中国版本图书馆 CIP 数据核字（2022）第 214577 号

中国孩子爱问的为什么： 注音美绘版
ZHONGGUO HAIZI AIWEN DE WEISHENME　ZHUYIN MEIHUI BAN

领先的技术
LINGXIAN DE JISHU

朱家礼　主编
方晓磊　编著

出 版 人：王筱文　　　　选题策划：高清艳　李梦婷　　　　责任编辑：李梦婷
责任校对：张 枫　　　　　责任印制：廖小青　　　　　　　　插图绘画：周子悦
出版发行：安徽科学技术出版社　　　http://www.ahstp.net
　　　　　（合肥市政务文化新区翡翠路 1118 号出版传媒广场,邮编:230071）
　　　　电话:(0551)63533323
印　　制：湖北金港彩印有限公司　　　电话:(027)85882795
（如发现印装质量问题,影响阅读,请与印刷厂商联系调换）

开本:787 × 1092　1/24　　　　印张:7　　　　　　　字数:155 千
版次:2023 年 9 月第 1 版　　　印次:2023 年 9 月第 1 次印刷

ISBN 978-7-5337-6655-9　　　　　　　　　　　定价:22.00 元

HELLO !

目录

1 电子与通信

1

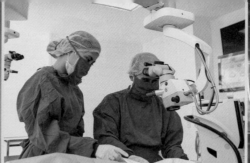
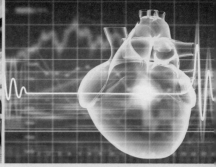

如今，人类生活在一个相互联系的世界里，电子与通信技术为我们的生活带来了极大的便利。通过它，大家可以共享数据、信息和知识，享受信息化时代的便捷。

电子与通信

DIANZI YU TONGXIN

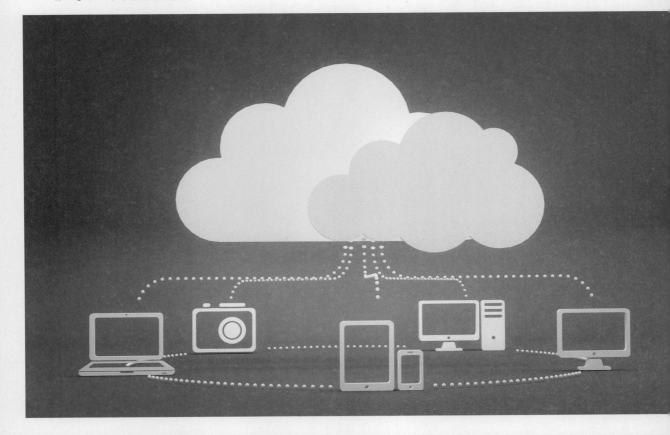

计算机的发展真快呀！

体积也越来越小了。

jì suàn jī wǎng luò shì zěn me fā zhǎn qǐ lái de
计算机网络是怎么发展起来的？

shì jiè shang dì yī tái jì suàn jī yú nián dàn shēng tā cháng mǐ kuān
世界上第一台计算机于1946年诞生。它长30.48米，宽

mǐ gāo mǐ měi xiǎo shí hào diàn liàng yuē wéi qiān wǎ zào jià wàn měi yuán
6米，高2.4米，每小时耗电量约为150千瓦，造价48万美元。

yīn qí tǐ jī páng dà ér qiě jià gé áng guì zhǐ
因其体积庞大，而且价格昂贵，只

yǒu jí shǎo shù de gōng sī néng yòng de qǐ
有极少数的公司能用得起。

shì jì nián dài chū měi guó jūn shì
20世纪50年代初，美国军事

bù mén jiàn lì le yī gè bàn zì dòng dì miàn fáng kōng
部门建立了一个半自动地面防空

xì tǒng zhè bèi shì wéi xiàn dài jì suàn jī wǎng luò
系统，这被视为现代计算机网络

2

de chú xíng tā yóu tōng xìn xiàn lù lián jiē yī duān shì
的雏形。它由通信线路连接，一端是

jì suàn jī lìng yī duān shì shù jù shū rù hé shū chū shè
计算机，另一端是数据输入和输出设

bèi huò chēng zhōng duān shè bèi rén men zhǐ yào tōng guò tōng
备，或称终端设备。人们只要通过通

xìn xiàn lù jiāng yī gè zhōng duān yǔ jì suàn jī xiāng lián jiù
信线路将一个终端与计算机相连，就

kě yǐ tōng guò zhōng duān jìn xíng shù jù de fā sòng yǔ jiē
可以通过终端进行数据的发送与接

shōu rén men jiāng zhè zhǒng xì tǒng chēng wéi lián jī xì tǒng
收。人们将这种系统称为联机系统。

hòu lái lián jī xì tǒng zài shāng yè shang dé dào le dà liàng de yìng yòng rú yòng yú
后来，联机系统在商业上得到了大量的应用。如用于

tiě lù gōng sī de zì dòng dìng piào xì tǒng tiě lù gōng sī zài gè shòu piào diǎn de chuāng kǒu dōu
铁路公司的自动订票系统。铁路公司在各售票点的窗口都

zhuāng yǒu yī tái zhōng duān tōng guò tōng xìn xiàn lù lián dào zǒng bù de dà xíng jì suàn jī shang
装有一台终端，通过通信线路连到总部的大型计算机上。

zhè yàng zǒng bù de jì suàn jī suí shí kě zhī dào
这样，总部的计算机随时可知道

měi gè bān cì yǐ jīng fā shòu le duō shao chē piào
每个班次已经发售了多少车票，

gè zhōng duān shang de shòu piào yuán yě suí shí kě zhī dào
各终端上的售票员也随时可知道

nǎ xiē liè chē hái yǒu yú piào cóng ér dà dà tí
哪些列车还有余票，从而大大提

gāo le gōng zuò xiào lǜ hé fú wù zhì liàng
高了工作效率和服务质量。

 探索小知识

1969 年 9 月 2 日，美国加利福尼亚大学的伦纳德·克莱因洛克教授在一次实验中首次实现了在两台计算机之间进行数据交换。此后，计算机网络就慢慢地发展起来了。

多数台式电脑的显示器和主机是分开的，而笔记本电脑是一体的，更加轻便哦！

为什么同样的计算机，软件配置不同，"本领"就不一样？

我们都知道，计算机除了键盘、鼠标、显示器等硬件，还需要安装相应的软件才能正常运行、发挥作用。软件分成系统软件和应用软件等。系统软件包括操作系统和一系列基本的工具（如编译器、数据库管理工具、文件系统管理工具等），它们起到了管理、使用计算机所有资源的作用；应用软件种类繁多，如社交软件、办公软件、游戏软件、购物软件等。

软件公司在推出一个软件版本后，往往不断地更新版本，使之功能更多、用途更广、本领更大，以适应计算机软、硬件技术的飞速发展，满足广大用户日益增长的需求。版本越新，等级越高，功能就越强。如果你是用新版本的软件制作的幻灯片，插入的视频在低版本的软件中就可能播放不了。要解决这种问题也很简单，只需要将旧版本的软件更新至最新版就可以了。

探索小知识

系统软件一般是在购买计算机时随机携带的，也可以根据需要另行安装。

你知道芯片吗？

知道！它就像人的大脑，是个本领强大的家伙！

什么是微电子技术？
shén me shì wēi diàn zǐ jì shù

随着电子计算机和通信技
suí zhe diàn zǐ jì suàn jī hé tōng xìn jì

术的飞速发展，电子设备的体积
shù de fēi sù fā zhǎn diàn zǐ shè bèi de tǐ jī

越来越小，功能越来越强，价格
yuè lái yuè xiǎo gōng néng yuè lái yuè qiáng jià gé

越来越便宜。这正是微电子技
yuè lái yuè pián yi zhè zhèng shì wēi diàn zǐ jì

术所带来的一场革命。
shù suǒ dài lái de yī cháng gé mìng

在20世纪60年代末，一块
zài shì jì nián dài mò yí kuài

芯片上只能集成几千个电子元
xīn piàn shang zhǐ néng jí chéng jǐ qiān gè diàn zǐ yuán

件；而今天，在一块只有一平方厘米的芯片上，集成的电子元件数量多达上亿个。

微电子技术的发展，使电子设备和系统在微小型化、高可靠性和低成本方面进入了一个新阶段。这种发展给社会经济和人们的生活方式、思维观念带来重大的变革。随着信息化时代的发展，将有越来越多的微电子技术产品进入我们的生活。

探索小知识

手机、坐公交车使用的 IC 卡、全自动洗衣机等，这些和我们生活息息相关的电子产品都采用了微电子技术。微电子技术给我们的生活带来了诸多便利。

shén me shì rén gōng zhì néng

什么是人工智能？

人工智能（英文是 Artificial Intelligence，缩写为AI），也叫作机器智能，指由人制造出来的机器所表现出来的智能。

当今，整个科技领域的研究者所做的努力，就是让机器"人性化"，同时让人类活动"信息化"。以前，人们认为驾驶、翻译、授课、健康诊疗等工作只有人才能完成，随着技术的发展，这些工作完全可以由机器胜任。同时，"机器"也可以通过获取、传递、分析人类的活动，然后向人类提供高效的反馈。

那么，人工智能给我们的生活带来了哪些变化？当你走在城市的街道，交通信号灯会因你的出现而发生改变；当你走到家门口，房门通过先进的虹膜扫描仪识别出了你，门就会自动开启；当你坐在家里，家中的温度、光线会为你自动调节到最舒适的状态……如今，不少家庭中已经入驻了许多机器人"帮手"，如扫地机器人、擦窗机器人、泳池清洁机器人等。它们的出现可以让人从烦琐的家务劳动中解放出来。未来，人工智能还将被应用到更多的领域中。

探索小知识

人工智能是计算机学科的一个分支，自20世纪70年代以来，人工智能就与空间技术和能源技术一起被称作世界三大尖端技术。

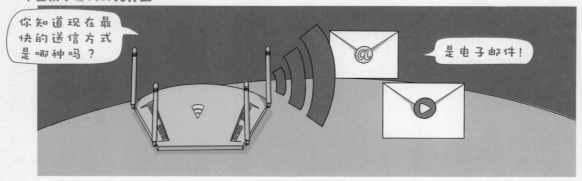

yīn tè wǎngshang de xìn xī shì zěn yàng chuán dì de
因特网上的信息是怎样传递的？

zài yīn tè wǎng zhōng chuán dì xìn xī jiù lèi sì yú jì kuài dì yùn sòng kuài dì de shí
在因特网中传递信息就类似于寄快递。运送快递的时

hou kuài dì gōng sī jiāng yào jì wǎng bù tóng dì qū de huò wù yóu bù
候，快递公司将要寄往不同地区的货物由不

tóng de chē huò zhě fēi jī yì tóng yóu jì zhè yàng huò wù hěn kuài jiù
同的车或者飞机一同邮寄，这样货物很快就

néng dào dá mù dì dì
能到达目的地。

yīn tè wǎng shì yóu xǔ xǔ duō duō de xiǎo wǎng luò zǔ hé ér chéng
因特网是由许许多多的小网络组合而成

de rú guǒ yào jiāng liǎng gè wǎng luò lián jiē qǐ lái jiù xū yào tōng guò
的，如果要将两个网络连接起来，就需要通过

yí gè jiào zuò lù yóu qì de shè bèi tā zhǔ yào shì yòng lái wèi
一个叫作"路由器"的设备，它主要是用来为

信息选择传递路径的。因特网中的信息就是靠这些路由器，从一个网络传到另外一个网络，最后到达目的地的。而当因特网某条"道路"不通时，路由器会根据当时的具体情况选择一条最优路径。如果要传送的文件特别大，因特网会把"包裹"拆分成一个个较小的信息块再传送，等所有的"快递"到达目的地后，再重新整理、合并，恢复为原来的文件。

探索小知识

1989年，蒂姆·博纳斯·李成功开发出世界上第一个Web服务器和第一个Web客户机，并将它正式定名为World Wide Web，即我们熟悉的WWW。

借阅图书时找不到书怎么办？快来用图书馆系统查一下吧！

_{shén me shì} _{shù zì huà} _{tú shū guǎn}
什么是数字化图书馆？

_{zài wǒ guó} _{běi jīng tú shū guǎn hé shàng hǎi tú shū guǎn dōu shì fēi cháng xiàn dài huà de}
在我国，北京图书馆和上海图书馆都是非常现代化的
_{tú shū guǎn} _{tā men bù jǐn yǒu fēng fù de guǎn cáng hái kě yǐ tōng guò yīn tè wǎng wèi dú zhě}
图书馆，它们不仅有丰富的馆藏，还可以通过因特网为读者
_{tí gōng xìn xī fú wù} _{nà me tā men shì bù shì shù zì}
提供信息服务。那么，它们是不是数字
_{huà tú shū guǎn ne}
化图书馆呢？

_{qí shí xǔ duō xiàn dài huà tú shū}
其实，许多现代化图书
_{guǎn xiàn zài hái bù shǔ yú shù zì huà tú shū}
馆现在还不属于数字化图书
_{guǎn yīn wèi zhè xiē tú shū guǎn néng tí gōng}
馆，因为这些图书馆能提供

网上服务的图书还不到馆藏量的十分之一。而数字化图书馆，是以因特网为基础，将各类文献资料数字化、各种业务和管理功能计算机化的图书馆。

数字化图书馆具有以下几个基本特征。首先，各种信息文献载体数字化；其次，以网络为支撑实现图书资源共享；再次，有统一的用户界面和快速简便的信息检索浏览系统；最后，有确保版权人的资源不被滥用的安全管理系统。

探索小知识

上海图书馆是国内建设数字化图书馆的先行者，已积累了相当数量的数字化资源，它的《全国报刊索引》也是全国独一无二的信息源。

计算机也会思考问题，不过它的思考逻辑比人脑简单得多！

为什么计算机能"思考"？

思考是一种有目的和有计划的思维活动，它体现着人类的智慧。而随着科技的发展，现在的计算机也能模拟人脑进行思考了。例如，人们可以通过简单的指令激活手机、设定闹钟、查看日历、拨出号码等。而这个过程就是试图用计算机模仿人脑的思考过程。

计算机是如何模拟人脑思考的呢？当人们进行有意识的思考时，总会以一定的知识为依据，计算机也不例外。为

14

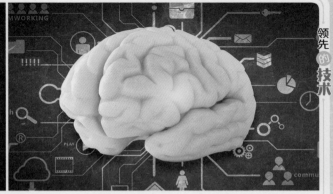

了使计算机有知识，需要把知识输入计算机中，并使计算机能够对知识进行接收、储存、检索、使用和修改，同时还要用有效的方式将这些知识加以组织管理。

　　计算机的"思考"过程，实际上是根据工程师设定好的程序完成相应的指令。计算机是人们制造出的工具，只能按照固定的程序机械地工作。因此，计算机只能部分地代替人脑。

探索小知识

计算机的运算速度很快，可以达到每秒万亿次，天气预报、地震预测、航天技术等领域都会应用到计算机的运算能力。

为什么触摸屏能立刻对人的触摸做出反应?

在现代生活中,人们经常使用带有触摸屏的电子设备,比如电话手表、手机、图书馆的借阅机等。那么,你们知道触摸屏的工作原理是什么吗?它是怎么识别用户手指的位置的?为什么贴膜后的手机触摸屏可以被正常识别,而手沾了水或戴着手套就不能正常

使用触摸屏了呢？

目前，市面上使用的多数是电容技术触摸屏。简单的电容屏是一个透明的四层复合玻璃板，它可以导电，而人的手指就是导体。

当手指接触屏幕上某个部位时，屏幕四个角的电流就会奔向触点，此时手机内部的芯片会对这四个角的电流进行分析计算，从而识别出触点的位置。简单来说，就是用户摸哪里，哪里就会"漏电"，从而使屏幕有反应。而当屏幕被水淋湿后，水也是一种导体，如果手再去触摸屏幕，电流会被影响，芯片的计算结果就不准了。

探索小知识

触摸屏主要应用于公共信息的查询、领导办公、工业控制、军事指挥、电子游戏、点歌点菜、多媒体教学、房地产预售等。

这家网店的商品种类齐全，而且价格好优惠呀！

wèi shén me yuè lái yuè duō de rén xǐ huan wǎng shàng gòu wù
为什么越来越多的人 喜欢 网上购物？

suí zhe diàn zǐ shāng wù de fā zhǎn wǎng shàng gòu wù yǐ jīng zhú jiàn chéng wéi rén men shēng
　　随着电子商务的发展，网上购物已经逐渐成为人们生
huó zhōng de yī bù fen xǔ duō wǎng shàng gòu wù píng tái yě jīng cháng tuī chū yī xì liè dà xíng
活中的一部分，许多网上购物平台也经常推出一系列大型
cù xiāo huó dòng měi dào zhè shí rén men jiù huì chèn zhe dǎ zhé tún shàng yī pī rì cháng yòng
促销活动。每到这时，人们就会趁着打折囤上一批日常用
pǐn wèi shén me yuè lái yuè duō de rén xǐ huan wǎng shàng gòu wù ne
品。为什么越来越多的人喜欢网上购物呢？
shǒu xiān wǎng shàng gòu wù xiāng jiào yú chuán tǒng gòu wù gèng jiā shěng shí shěng lì shěng qián
　　首先，网上购物相较于传统购物更加省时、省力、省钱，
rén men zhǐ xū yào yī bù lián wǎng shǒu jī huò zhě yī tái diàn nǎo jiù kě yǐ zài wǎng gòu píng tái
人们只需要一部联网手机或者一台电脑就可以在网购平台
xuǎn gòu shāng pǐn rán hòu děng kuài dì yuán jiāng wù pǐn sòng shàng mén jiù kě yǐ le
选购商品，然后等快递员将物品送上门就可以了。

其次，网购平台上的信息比较透明，可以货比三家，了解货品的价格和质量，选择自己满意的商品，不用担心商家乱喊价。

另外，对商家来说，由于不需要租用实体店铺，可以省下一部分成本，因此在网上出售的货物价格也相对便宜。

总之，网上购物不受时间和空间的限制，可以为卖家带来更多的客源，正因如此才有越来越多的人喜欢网上购物。

探索小知识

虽然网上购物为人们提供了极大便利，但是也存在很多风险，如时间风险、交付风险、产品质量风险、服务风险和信息风险等。

保护网络信息安全十分重要。

安全的网络让大家上网的时候更放心。

zěn yàng bǎo hù wǎng luò xìn xī ān quán
怎样保护网络信息安全？

当今世界是一个互联互通的世界，互联网为我们的生活带来了极大便利，也让我们处于潜在的危险之中。因为我们的一言一行都有可能被联网的设备监视起来，稍不注意，个人信息就会被泄露。

因此，在使用互联网时，我们应定期更换聊天工具密

码，防止密码被网络不法分子窃取；同时，不要在网上发布详细的个人信息，也不要随意打开来源不明的链接和附件，除非能确定它们是安全的；另外，对于网络上不认识的人，一定不要向他（她）透露自己的个人详细信息，哪怕是只言片语，比如家庭住址、父母的手机号、学校名称等，因为某些人可能会利用它们来对你的个人身份进行确定；除此之外，还要养成经常对电脑或手机进行杀毒的习惯，防止黑客攻击。

探索小知识

计算机病毒会给网络用户带来极大的危害，比如会造成计算机网络系统瘫痪以及数据和文件丢失。

无论是读纸质书还是电子书，都可以学到许多知识。

diàn zǐ chū bǎn wù shì zěn yàng zhì zuò de
电子出版物是怎样制作的？

电子出版是指在整个出版过程中，从编辑、制作到发行，所有信息都以统一的二进制代码的数字化形式存储于磁、光、电等介质中，信息的处理与传递借助计算机或类似的设备来进行的一种出版形式。目前的电子出版物主要有两种：一种是存储在某个网络磁盘上的

电子书籍、电子期刊和电子报纸，用户可通过网络在线使用；另一种是将电子出版物制作在光盘、磁盘上，通过各大书店、音像商店、信息服务公司等各种渠道提供给个人用户，放到个人电脑上使用。

电子出版物的制作过程如下：首先是确定主题，并进行可行性分析；其次是设计脚本；再次是对素材进行收集、制作与编辑，并将它们组建成一个完整的作品；最后对产品进行测试，如果符合要求，就批量生产并出版。

领先的技术

探索小知识

与传统读物相比，电子出版物广泛应用声、图、文结合在一起的技术，把信息内容生动且有艺术性地表现出来，更方便读者阅读。

总算查到犯罪嫌疑人的IP地址了。

快去抓住他！

wèi shén me wǎng luò jǐng chá néng zài xū nǐ de
为什么网络警察能在虚拟的

wǎng luò shì jiè li dìng wèi bìng zhuā dào fàn zuì xián yí rén
网络世界里定位并抓到犯罪嫌疑人？

wǎng luò shì jiè kàn bù jiàn mō bù zháo zhǐ yào rén men yuàn yì suí shí dōu kě yǐ
网络世界看不见、摸不着，只要人们愿意，随时都可以
chuàng zào chū yī gè xū nǐ shēn fèn yǒu xiē fàn zuì fèn zǐ zhèng shì zài wǎng luò de yǎn hù
创造出一个虚拟身份。有些犯罪分子正是在网络的掩护
xià shí shī le gè zhǒng wǎng luò fàn zuì xíng wéi ràng rén fáng bù shèng fáng wǎng luò jǐng chá de
下，实施了各种网络犯罪行为，让人防不胜防。网络警察的
rèn wu jiù shì zhì zhǐ zhè xiē xíng wéi zhǎo dào fàn zuì fèn zǐ bìng jiāng tā men shéng zhī yǐ
任务就是制止这些行为，找到犯罪分子，并将他们绳之以
fǎ nǐ zhī dào zài zhè ge xū nǐ shì jiè zhōng wǎng luò jǐng chá shì zěn yàng dìng wèi bìng zhuā
法。你知道在这个虚拟世界中，网络警察是怎样定位并抓
dào fàn zuì xián yí rén de ma
到犯罪嫌疑人的吗？

yǒu shí hou, jǐng chá huì zài wǎng luò shang jiāng zì jǐ wěi zhuāngchéng yòu ěr zhǔ dòng
有时候，警察会在网络上将自己伪装成"诱饵"，主动
hé fàn zuì xián yí rén jiē chù děng dài xián yí rén zhǔ dòng yǎo ěr cóng ér zhǎng wò qí
和犯罪嫌疑人接触，等待嫌疑人主动"咬饵"，从而掌握其
fàn zuì tè zhēng huò zhě xiàn suǒ yí dàn què dìng le xián yí rén de wèi zhì jí qí tóng huǒ jiù
犯罪特征或者线索，一旦确定了嫌疑人的位置及其同伙，就
huì duì qí shí shī zhuā bǔ yī wǎng dǎ jìn hái
会对其实施抓捕，一网打尽。还
yǒu shí hou wǎng luò jǐng chá huì zhí jiē tōng guò wǎng
有时候，网络警察会直接通过网
luò zhuī zōng fàn zuì xián yí rén de dì zhǐ dāng
络追踪犯罪嫌疑人的IP地址，当
fàn zuì xián yí rén tōng guò dì zhǐ jiē rù hù lián
犯罪嫌疑人通过IP地址接入互联
wǎng shí jiù néng suǒ dìng tā de wèi zhì
网时，就能锁定他的位置。

探索小知识

　　IP 地址是由通信公司在 IP 地址管理机构授权下分配的。IP 地址归属于哪家通信公司、分配给了哪些用户及分配的具体时间等信息都有明确记录。

25

每天我都会用手机跟家人通话。

shǒu jī wèi shén me néng yuǎn jù lí tōng xìn
手机为什么能远距离通信？

xiàn dài tōng xìn jì shù fā dá wú lùn wǒ men hé qīn
现代通信技术发达，无论我们和亲
péng hǎo yǒu xiāng gé duō yuǎn de jù lí wǎng wǎng zhǐ xū yào yī
朋好友相隔多远的距离，往往只需要一
tōng diàn huà jiù kě yǐ hé duì fāng jìn xíng jiāo liú le kē
通电话，就可以和对方进行交流了。科
jì de fā zhǎn gěi wǒ men dài lái le xǔ duō
技的发展给我们带来了许多
biàn lì nǐ zhī dào shǒu jī wèi shén me kě yǐ
便利，你知道手机为什么可以
yuǎn jù lí tōng xìn ma
远距离通信吗？
yuán lái dāng wǒ men dǎ diàn huà de shí
原来，当我们打电话的时

探索小知识

人们从蜂巢的结构中受到启发，建立了形似蜂窝的无线电覆盖区域。这种覆盖区域的有效面积最大，且所建的信号塔个数最少，有效减少了建设投资。

候，所拨的号码信号经过一定的转换会变成具有统一格式的信号，然后通过无线电波发射出去。当附近的基站接到信号，会经过一定的处理将信号还原，再通过基站的其他通信设备接通对方的电话，这样我们就可以通信了。

手机的每个基站采用全方位天线，它的服务半径约为10千米。如果在服务盲区，我们的手机就没有信号，从而也打不出电话了。

HELLO !

看，瞭望台上点燃了烽火！

又有战事要发生了。

电力发明之前，人类是怎样通信的？

在古代，人们也有着各种各样的通信方式。如长城的烽火台是古代重要的军事防御设施，专门为防止敌人入侵而建。那时候没有现在的通信设备，当遇有敌情时，士兵会点燃烽火，这样可以用狼烟和光亮通报敌情，以让各方和上级提高警惕，从而达到传递消息的目的。

除了释放狼烟，人类还探索了其他远距离沟通的方法，如用军号通知士兵们起床、吃饭、开始工作或睡觉。

古时候，人们还会驯化鸽子，利用鸽子来传递书信。这是因为鸽子具有归巢的本能，而且它们对磁场比较敏感，时间长了就能记住生活环境周围的磁场并找到回家的路。

此外，海军舰艇之间还会使用信号灯进行沟通，通过灯光的闪烁来代表摩斯密码的不同符号和停顿，这种方式能够传递比较复杂的信息。

探索小知识

烽火台在汉代称作烽堠、亭燧，唐宋时期才开始被称作烽火台。"烽火"代表着古代边防报警的两种信号，白天放烟叫"燧"，夜间举火叫"烽"。

快来看，比赛开始了！

为什么可以通过电视看到 现场 直播？

2021 年 12 月 9 日，"天宫课堂"第一课正式开讲。"神舟十三号"乘组航天员翟志刚、王亚平和叶光富在中国空间站进行太空授课，介绍并展示了中国空间站的工作生活场景，演示微重力环境下细胞学实验、物体运动、液体表面张力等现象。中央广播电视总台对此进行了全程现场直播。

现场直播的具体流程是什么样的呢？

摄像机通过镜头，实时捕捉太空舱中的图像，再通过其内部的光电转换系统和视频处理电路，输出符合传输规范的电信号。同时，声音信号也通过麦克风转换为另一路电信号输出。随后，摄像机输出的视频、音频信号会被传送到电视台或电视转播车，并经过相应的信号处理，由系统加载到微波信号上。这个微波信号再通过电缆传送到发射塔上，并通过天线发射到四面八方。电视机内的电路将视频和音频信号从微波信号上解调出来，分别由显示器和扬声器播出，这样我们足不出户就可以观看直播了。

探索小知识

由于微波是以光速传播的，微波信号传播上百千米的距离几乎是一瞬间的事情，所以电视机接收到的微波信号几乎是没有延时的。

这个消息怎么被锁上了？

原来是加密的信息呀！

为什么密码技术能保护信息安全？

早在公元前5世纪，斯巴达人就曾采用一种名叫"天书"的方法来秘密传送情报。他们将羊皮条缠在柱子上，自上而下地书写情报，写完后把羊皮条解开，人们看到的就是一条互不连贯的字母串。只有找到和原柱大小相同的柱子，把羊皮缠上去，才能将字母对准，从而正确读出原文。由此可见，只有了解"约定"（柱子的大小）的人，才能解开密码，了解情报的内容。

在战争中，己方的军队之间经常会传递情报信息，如果该情报被敌方截获或者掉包，会发生十分惨重的后果。于是军方想出了一个主意，各部队负责发送和接收信息的士兵都保留一个密码本，上面记载着明文字词和加密字词的对应关系。每次发送信息的时候，按照密码本把真实信息对应翻译成语义不连贯的加密信息，对方接收到之后再按照相同的密码本翻译过来，这样就有效保证了信息安全。

探索小知识

《希伯来圣经》中有几段语句用了一种叫作"逆序互代"的加密方法，即将某段文字中的第一个字母与倒数第二个字母互换，以此来变形文字，达到不为常人理解的目的。

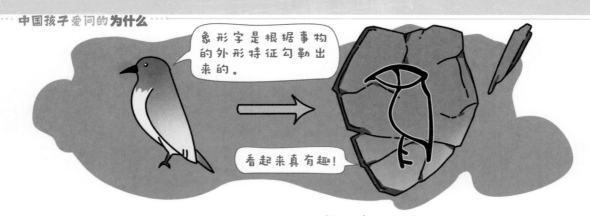

象形字是根据事物的外形特征勾勒出来的。

看起来真有趣！

^{hàn zì shì zěn me fā míng de}
汉字是怎么发明的？

^{hàn zì yòu chēng zhōng wén zhōng guó zì bié chēng fāng kuài zì shì hàn yǔ de jì lù fú}
汉字又称中文、中国字，别称方块字，是汉语的记录符

^{hào yě shì shì jiè shang zuì gǔ lǎo de wén zì zhī yī zhì jīn yǐ yǒu duō nián de}
号，也是世界上最古老的文字之一，至今已有6000多年的

^{lì shǐ hàn zì shí fēn qí miào yī kē shù shì mù shù mù duō le jiù chéng le lín}
历史。汉字十分奇妙，一棵树是"木"，树木多了就成了"林"；

^{rén zài shù xià xiē xi jiù shì xiū zì gǔ shí hou}
人在树下歇息，就是"休"字；古时候

^{de dú shé měng shòu hěn duō fù nǚ de tǐ lì bù rú}
的毒蛇猛兽很多，妇女的体力不如

^{nán zǐ zài yě wài bù ān quán zhǐ yǒu zài shì nèi cái}
男子，在野外不安全，只有在室内才

^{kě miǎn shòu shāng hài yīn cǐ nǚ zuò shì nèi xíng chéng}
可免受伤害，因此"女坐室内"形成

了"安"字。

关于汉字是怎么发明的问题，历来各家有不同主张，其中比较有影响力的说法之一是"仓颉造字说"。相传仓颉是黄帝时期的史官，当时黄帝是古代中原部落联盟的领袖，由于联盟之间的交往日益频繁，因此迫切需要建立一套让各联盟共享的交际符号。于是，黄帝便将搜集和整理共享文字的工作交给了史官仓颉。仓颉观察万物，把看到的事物抽象化为象形文字，这些文字经过漫长的演变成为今天我们使用的汉字。

从仓颉造字的古老传说到公元前1000多年前甲骨文的出现，历代中国学者一直致力于揭开汉字起源之谜，除了"仓颉造字说"，还有"结绳说""八卦说""图画说"等。

探索小知识

汉字造字法有六种，又称"六书"——象形、指事、形声、会意、假借和转注。

可别小看这些方块，有了它们才可以印出书册呢！

印刷术是怎么一回事？

雕版印刷虽然比手工抄写快捷方便，但印一页就得制一版，印一部篇幅浩繁的经书，所需雕版就得数以万计。改造印刷术，成为人们探索的新课题。终于，北宋的刻字工匠毕昇发明了活字印刷术。

他用胶泥做成一个个规格一致的毛坯，在每个毛坯的一端刻一个反体的汉字，用火烧硬，

成为单个的"泥活字"。排字的时候，用一块带框的铁板作为底托，上面敷一层用松脂、蜡和纸灰混合制成的药剂，再往框里排满需要的"泥活字"。排满一框就成为一版，将其放在火上烘烤，等药剂熔化后，用平板将"泥活字"压平，冷却后"泥活字"固定在铁板上，就成了版型，接着就可以上墨印刷了。印完一版，用火将药剂烤化，拆下"泥活字"，重新排版。

后人在活字印刷术的基础上对刻字原料和排版工具进行了不断改进，元朝时又发明了木活字、铜活字等多种样式。造纸术和印刷术的发明和发展，不仅极大地推动了中国古代文明的传播和发展，而且对世界文化的发展做出了巨大贡献。

探索小知识

印染技术对雕版印刷也有很大的启示作用，印染是在木板上刻出花纹图案，用染料印在布上。中国的印花板有凸纹板和镂空板两种。

这台打印机打印文件的速度真快呀!

大型打印机还可以复印文件呢!

打印机的原理是什么?

dǎ yìn jī de yuán lǐ shì shén me

打印机是一种使用率非常高的办公用品,可以将计算机的处理结果依照规定的格式印在纸上。按照所采用的技术的不同,打印机可分为喷墨式打印机、热敏式打印机、激光式磁式打印机、发光二极管式打印机等。我们常用的打印机是喷墨式打印机和激光式打印机。

喷墨式打印机的基本原理是带电的喷墨雾点经过电极偏转后，直接在纸上形成所需字形。这种方式的优点是可以灵活地改变字符尺寸和字体，印字质量高且清晰。喷墨式打印还能直接在某些产品上印字，十分便捷，并且打印出来的字符和图形几乎没有机械磨损。

激光式打印机的基本原理是计算机传来的二进制数据信息先通过视频控制器转换成视频信号，然后由激光扫描系统产生载有字符信息的激光束，最后电子照相系统将激光束成像并转印到纸上。激光式打印机的打印速度快、成像质量高、噪声小，越来越受到人们的喜爱。

探索小知识

当我们要挑选一台打印机时，可以从打印机的打印分辨率、打印速度和噪声这三个方面去衡量。

这张黑胶唱片刻录的音乐真好听呀！

留声机怎么"留声"？

1877年，美国发明家爱迪生发明了一种可以播放唱片录音的电动设备，也就是留声机。你知道它是怎样留住声音的吗？

发明留声机的灵感源自爱迪生的一次发电报的经历，他发现电报机内会出现一个单调的声音，通过排查，爱

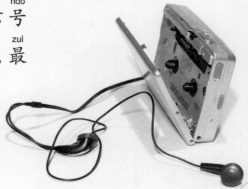

dí shēng fā xiàn nà ge shēng yīn shì zhǐ dài zài xiǎo zhóu yā lì xià fā chū
迪生发现，那个声音是纸带在小轴压力下发出

de shēng yīn dāng gǎi biàn xiǎo zhóu de yā lì shí shēng diào de gāo dù yě
的声音。当改变小轴的压力时，声调的高度也

suí zhī biàn huà yīn cǐ ài dí shēng chǎn shēng le yī gè niàn tou jiè zhù
随之变化，因此，爱迪生产生了一个念头：借助

yùn dòng zài tǐ shang shēn dù bù tóng de gōu dào lái jì lù hé huí shōu shēng
运动载体上深度不同的沟道来记录和回收声

yīn zuì hòu tā fā míng le dì yī tái liú shēng jī
音。最后，他发明了第一台留声机。

liú shēng jī de gōng zuò nèi róng fēn wéi lù yīn hé fàng
留声机的工作内容分为录音和放

yīn lù yīn shí shēng yīn yǐn qǐ gāng zhēn zhèn dòng gēn jù
音。录音时，声音引起钢针振动，根据

yīn pín qiáng ruò ér zhèn dòng de gāng zhēn huì zài chàng piàn shang liú
音频强弱而振动的钢针会在唱片上留

xià bù tóng de hén jì fàng yīn shí yùn dòng shēng dào shang de
下不同的痕迹；放音时，运动声道上的

gāng zhēn zài shòu dào shēng dào yuán lái jì lù de shēng yīn xìn hào
钢针在受到声道原来记录的声音信号

zuò yòng zhī hòu huì tōng guò xiàn quān gǎn yìng chū diàn liú zuì
作用之后，会通过线圈感应出电流，最

hòu zài tōng guò fàng dà qì jiù kě yǐ fā chū shēng yīn
后再通过放大器就可以发出声音。

lì yòng zhè ge yuán lǐ rén men hái fā míng chū cí dài
利用这个原理，人们还发明出磁带

lù yīn jī shù zì shì mp3 bō fàng qì děng
录音机、数字式mp3播放器等。

领先 的 技术

探索 小知识

通过显微镜能发现黑
胶唱片的表面布满了凹凸
不平的沟渠。黑胶唱片正
是通过这些机械刻度来记
录音乐的。

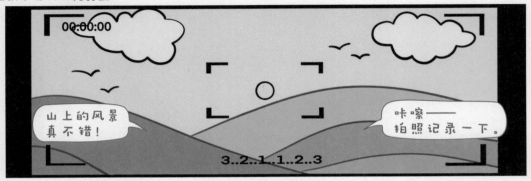

zhào xiàng jī wèi shén me néng liú zhù yǐng xiàng

照相机为什么能留住影像？

dāng shè yǐng shī àn xià kuài mén shí   suí zhe   kā chā   yī shēng   xiàn shí chǎng jǐng zhōng
当摄影师按下快门时，随着"咔嚓"一声，现实场景中

de shì wù jiù huì liú zài zhào xiàng jī li   nǐ zhī dào zhào xiàng jī wèi shén me kě yǐ liú zhù
的事物就会留在照相机里。你知道照相机为什么可以留住

zhè xiē yǐng xiàng ma
这些影像吗？

yòng chuán tǒng de jiāo piàn zhào xiàng jī pāi shè
用传统的胶片照相机拍摄

jǐng wù shí   wù tǐ fǎn shè de guāng xiàn huì tōng guò
景物时，物体反射的光线会通过

zhào xiàng jī de jìng tóu jìn rù xiàng jī nèi   guāng
照相机的镜头进入相机内。光

xiàn jìn rù xiàng jī hòu   jīng guò tiáo zhěng   huì tóu
线进入相机后，经过调整，会投

影到具有感光性质的胶片上，之后
胶片上的感光剂会随光发生变化，
经显影液显影和定影后，就会在暗
箱内形成被摄景物的潜像，这样就
把我们想要留住的影像保存在照相
机里了。

随着科技的发展，数码照相机逐渐流行起来，它不需要
使用胶卷，而是使用CCD或CMOS等元件将通过镜头的光
聚集，然后将光转换成电信号，最后经过加工处理成为数字
信号，并储存在存储设备中。数码相
机拍摄的照片可以即拍即用，并
且它的存储卡也可以重复使用。

探索小知识

胶片相机使用溴化银材料附着在
塑料片(胶卷)上作为载体,拍摄后的胶
卷要经过冲洗才能得到照片。在拍摄
过程中也无法知道拍摄效果的好坏,而
且不能对拍摄的照片进行删除。

无线电技术是怎样传递信息的？

无线电技术在传播上不受时间和空间的限制，通过无线电波传递信息。由于电流强弱的改变会产生无线电波，利用这一原理，通过调制可将信息加载于无线电之上。当电波通过空间传播到达收信端，电波引起的电磁场变化又会在导体中产生电流。通过解调将信息从电流变化中提取出来，就达到了信息传递的目的。

无线电对讲机就是利用这一技术发明而成的，它具有即时沟通、一呼百应、经济实用、不耗费通话费用等优点。

探索小知识

1906年12月，发明家范信达在美国马萨诸塞州采用外差法实现了历史上首次无线电广播。

医学是人类繁衍生息的基石，它不仅提高了人类的健康水平和生活质量，还为预防疾病提供了指向。医学发展到 21 世纪，又有哪些新动态呢？让我们一起来关注吧！

医学新动态

YIXUE XIN DONGTAI

坚持护肤可以有效延缓皮肤的衰老。

jiāo yuán dàn bái néng **xiū fù** lǎo huà de rén tǐ zǔ zhī ma
胶原蛋白能**修复**老化的人体组织吗？

jiāo yuán dàn bái shì rén tǐ nèi hán liàng zuì duō fēn
胶原蛋白是人体内含量最多、分
bù zuì guǎng de gōng néng xìng dàn bái guǎng fàn cún zài yú rén
布最广的功能性蛋白，广泛存在于人
tǐ de tóu fa pí fū gǔ gé jī jiàn xuè guǎn jí
体的头发、皮肤、骨骼、肌腱、血管及
nèi zàng mó qì guān mó zhōng qǐ zhe zhī chēng jī fū hé
内脏膜、器官膜中，起着支撑肌肤和
wéi hù nián hé lián jiē gè zǔ zhī qì guān de zuò yòng
维护、黏合、连接各组织器官的作用。
jiāo yuán dàn bái de hán liàng jué dìng zhe jī fū shì fǒu chéng xiàn
胶原蛋白的含量决定着肌肤是否呈现
lǎo tài
老态。

而随着年龄的增长，人体内的胶原蛋白有一部分会被逐渐降解吸收，还有一部分会逐渐交联加固，从而不被降解。而交联过程中胶原蛋白所吸附的水分会大大降低，所以老人的脸看起来就没有那么"水灵"了。此外，胶原蛋白还会因为阳光中紫外线的照射而受到损伤、氧化。

知道了胶原蛋白的这些秘密，一些爱美人士就开始关注防晒，甚至还有些人希望通过注射胶原蛋白来保持肌肤的弹性。但是人体内的胶原蛋白是由细胞合成的，而注射的胶原蛋白并不能直接增加体内的胶原蛋白，因此它并不能修复已经老化的人体组织，但它可以补充身体必需的营养。

探索小知识

胶原蛋白也可作药用。早在12世纪，人们就利用小牛的软骨作为药物来治疗关节疼痛。

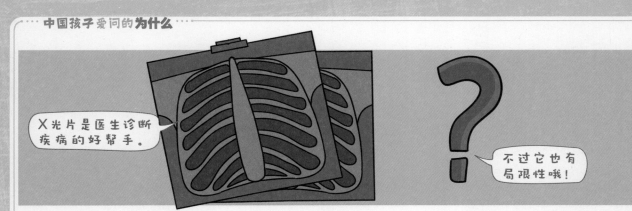

X光片是医生诊断疾病的好帮手。

不过它也有局限性哦！

医生从X光片中能看到什么？

yī shēng cóng　guāng piàn zhōng néng kàn dào shén me

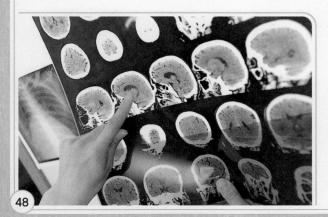

shuō dào guāng piàn děi xiān lái shuō shuo shè xiàn tā shì yī zhǒng pín lù jí gāo bō
说到X光片得先来说说X射线，它是一种频率极高、波

cháng jí duǎn néng liàng hěn dà de diàn cí bō nián dé guó wù lǐ xué jiā lún qín fā
长极短、能量很大的电磁波。1895年，德国物理学家伦琴发

xiàn le shè xiàn suǒ yǐ tā yòu bèi chēng wéi
现了X射线，所以它又被称为

lún qín shè xiàn guāng chéng xiàng de jī běn
伦琴射线。X光成像的基本

yuán lǐ jiù shì shè xiàn jù yǒu chuān tòu xìng
原理就是X射线具有穿透性、

yíng guāng xiào yìng hé gǎn guāng xiào yìng děng tè xìng
荧光效应和感光效应等特性。

shè xiàn yīn qí fú shè liàng dī jiǎn
X射线因其辐射量低，检

48

查时简单快速的特点，在医疗上得到了许多应用。当医生需要了解病人体内的情况来排查病因时，一般来说X光检查便是首选。它可以让医生看到病人身体内骨骼、内脏等部位的影像，帮助医生作出更准确的诊断。

但X光检查也有它的局限性，因为它只能拍出平面图像，而像肿瘤之类的疾病，通过X光检查只能看到病灶，却无法准确判断它的位置及数量，这就需要利用更精确的医学影像技术继续检查了。

探索小知识

进行X光检查时，由于人体各种器官、组织的密度和厚度不同，所以我们在检查结果中可以看到呈现出自然层次的黑白颜色的影像。

有些药物能精准定位患处。

药物治病能不能精准定位患处？

yī xué shangcháng shuō   duì zhèng xià yào   dàn pǔ tōng yào wù zài jìn rù rén tǐ nèi hòu
医学上常说"对症下药"，但普通药物在进入人体内后，

jǐn yǒu jí shǎo yī bù fen néng gòu zhēn zhèng zuò yòng yú bìng biàn bù
仅有极少一部分能够真正作用于病变部

wèi   ér zài yī liáo shang   yě yǒu kě yǐ jīng zhǔn dìng wèi huàn
位。而在医疗上，也有可以精准定位患

chù bìng fā huī zuò yòng de yào jì   qí zhōng zuì jù dài biǎo xìng
处并发挥作用的药剂，其中最具代表性

de jiù shì yòng yú yì zhì ái zhèng de bǎ xiàng yào
的就是用于抑制癌症的靶向药。

zài bǎ xiàng zhì liáo zhōng   shè
在靶向治疗中，摄

rù rén tǐ zhōng de yào wù jiù xiàng qiāng
入人体中的药物就像枪

膛中的子弹，可以直接对准病灶这个靶心，然后通过多种方式作用于病灶，如协助免疫系统打击癌细胞、阻止癌细胞生长、阻断血管生成的相关信号、抑制癌细胞生长所需的激素等。

靶向治疗是在细胞分子水平上，针对已经明确的致癌位点的治疗方式，该位点可以是肿瘤细胞内部的一个蛋白分子，也可以是一个基因片段。药物进入人体内会选择致癌位点发生作用，从而杀死肿瘤细胞，而不会波及肿瘤周围的正常组织细胞。

由于靶向治疗能让药物发挥最大的效率，同时也可避免殃及非病灶的机体组织，所以它又被称为"生物导弹"。

探索小知识

根据靶向机理的不同，药物靶向可分为被动靶向、主动靶向、物理靶向等，物理靶向药物可以利用光、热、磁场、电场、超声波等物理信号进行人为调控。

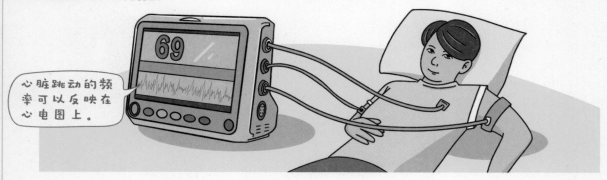

心脏跳动的频率可以反映在心电图上。

wèi shén me tōng guò xīn diàn tú néng kàn chū xīn zàng de jiàn kāng zhuàng tài
为什么通过心电图能看出心脏的健康状态?

　　xīn zàng zài liǎng cì tiào dòng de jiàn xì dōu yǒu duǎn zàn de xiū xi jí rú guǒ xīn tiào
　　心脏在两次跳动的间隙都有短暂的休息,即如果心跳
shì yī miǎo zhōng tiào dòng yī cì nà me xīn zàng shí jì shàng zài miǎo zhōng jiù wán chéng le tiào
是一秒钟跳动一次,那么心脏实际上在0.2秒钟就完成了跳
dòng shèng xià de miǎo zài xiū xi yīn cǐ zài mǒu yī shí kè xīn zàng de mǒu gè bù
动,剩下的0.8秒在休息。因此,在某一时刻,心脏的某个部

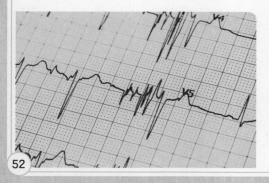

wèi chǔ yú xīng fèn shōu suō zhuàng tài qí yú bù wèi zé
位处于兴奋收缩状态,其余部位则
chǔ yú shū zhāng zhuàng tài suí zhe shí jiān de biàn huà
处于舒张状态,随着时间的变化,
shōu suō hé shū zhāng de bù wèi yě huì fā shēng biàn huà
收缩和舒张的部位也会发生变化。
yào xiǎng liǎo jiě dào zhè zhǒng biàn huà jiù xū yào lì yòng
要想了解到这种变化,就需要利用

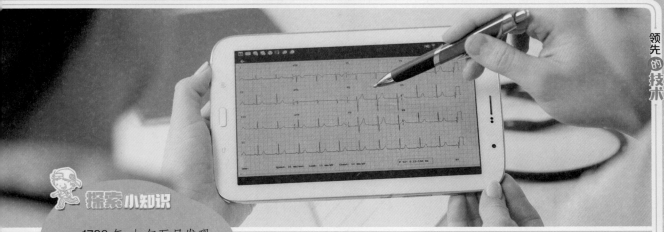

探索 小知识

1786 年,加尔瓦尼发现,如用两种金属组成的回路把蛙的神经和肌肉连接起来,肌肉就会抽搐、抖动。他指出这是一种生物电流。

心电图,这是反映心脏变化的客观指标。只要医生把电极安置在体表特定部位(如右臂和左腿),就可以记录反映心脏不同部位兴奋所表现出的电位的总体差异。

如果心脏内部的电位传导机制发生故障,或者心肌某一部分出现损害,这种总体的电位变化规律就会发生改变,并体现在心电图中。因此,心电图检查可用于诊断多种心脏的疾病,对临床诊断和治疗有重要的意义。

会做手术的机器人其实在被医生远程操控哦！

yī shēng bù zài shǒu shù tái qián yě néng gěi huàn zhě zuò shǒu shù ma

医生不在手术台前也能给患者做手术吗？

suí zhe yī liáo jì shù de fā zhǎn　　yī shēng zài gěi huàn zhě zuò shǒu shù de shí hou yě
随着医疗技术的发展，医生在给患者做手术的时候也
yǒu le gèng duō xuǎn zé　　gēn jù bù tóng de bìng zhèng　　yī shēng kě yǐ xuǎn zé qīn zì zuò shǒu
有了更多选择。根据不同的病症，医生可以选择亲自做手
shù huò zhě jiè zhù yī liáo jī qì rén zuò yī tái yuǎn chéng shǒu shù
术或者借助医疗机器人做一台远程手术。

yī shēng　　yī liáo jī qì rén　de zǔ
　　"医生＋医疗机器人"的组
hé shì xiàn dài yī liáo shǒu shù fāng shì zhī yī
合是现代医疗手术方式之一。
yuǎn chéng shǒu shù shì　yī shēng tōng guò cāo kòng cāo zòng
远程手术是医生通过操控操纵
gān kòng zhì jǐ xiè shǒu bì wán chéng de
杆控制机械手臂完成的。

医疗机器人有很多优点。众所周知，医生在做手术时必须非常精确，一个小小的疏忽就有可能酿成医疗事故。而医生在长时间的手术过程中会产生疲劳感，手也可能会发生颤抖，这都为手术增加了一定风险。而医疗机器人的机器手臂定位精度很高，不会因疲劳而颤抖，能时刻保持稳定。此外，医疗机器人还能将手术区域放大，方便医生操控。

当然，医生操纵机器人做手术，手术的效果主要还是由医生的水平决定，机器人所具备的各项高精性能只是便于操作者更加顺畅地完成手术。

探索小知识

2001年9月，一位女患者躺在法国斯特拉斯堡一家医院的手术台上，而医疗小组则远在美国纽约。这是一台远程遥控机器人完成的胆囊手术。

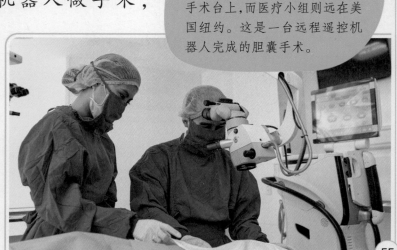

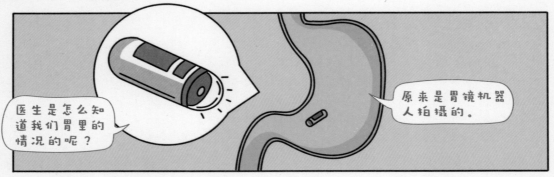

医生是怎么知道我们胃里的情况的呢？

原来是胃镜机器人拍摄的。

jī qì rén shì zěn yàng qián rù rén tǐ nèi de

机器人是怎样潜入人体内的？

wēi xíng jī qì rén fēi cháng xiǎo yǒu de cháng dù shèn zhì bù dào yī háo mǐ tā bù
微型机器人非常小，有的长度甚至不到一毫米。它不

jǐn kě yǐ jìn rù rén tǐ xuè guǎn zhōng bāng zhù xuè shuān huàn zhě shū tōng zǔ sè de dòng mài huò
仅可以进入人体血管中，帮助血栓患者疏通阻塞的动脉，或

zhě xiū fù huàn zhě shòu sǔn de shén jīng hái kě yǐ guā
者修复患者受损的神经；还可以刮

qù huàn zhě zhǔ dòng mài shang duī jǐ de dǎn gù chún hé
去患者主动脉上堆积的胆固醇和

zhī fáng yě kě yǐ xié dài yí dǎo sù shì fàng dào huàn
脂肪；也可以携带胰岛素释放到患

zhě de xuè yè zhōng zhì liáo wán gù de táng niào bìng
者的血液中，治疗顽固的糖尿病；

shèn zhì kě yǐ qián rù rén tǐ de wèi bù dài tì wèi
甚至可以潜入人体的胃部代替胃

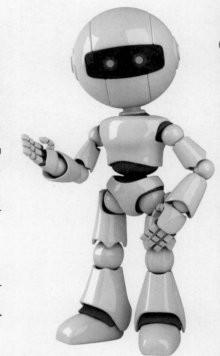

镜进行检查。

以前，医生给患者做胃镜检查的时候，需要用一条细长的管子伸入患者的胃中，观察胃肠道内的情况，这让患者很痛苦。现在去医院检查，人们只需像吃糖一样吞下一颗"胶囊"，就可让微型机器人进入体内探查情况。

胶囊内部装载了微型数码电子眼和LED灯，进入漆黑的消化道后，可对经过的"路段"连续摄像，再将图像传输出来，供医生参考。工作十多个小时后，"胶囊"会顺着胃肠道自然排出体外。

探索小知识

微型机器人技术可以使各种各样的航天测量变得更为精准、轻松，还可以使电视屏幕做得又大又薄。

领先的技术

57

嗡嗡嗡嗡——

哇，洗得真干净呀！

wèi shén me chāoshēng bō néng qīng xǐ jīng mì de yī liáo qì xiè
为什么超声波能清洗精密的医疗器械？

chāo shēng bō shì yī zhǒng chāo chū rén ěr suǒ néng tīng dào de shēng yīn zuì gāo pín lù
　　超声波是一种超出人耳所能听到的声音最高频率（20000
hè zī de shēng bō tā hé kōng qì yī yàng xū yào yī kào jiè zhì jìn xíng chuán bō suǒ yǐ
赫兹）的声波，它和空气一样需要依靠介质进行传播，所以
wǒ men wú fǎ zài zhēn kōng zhōng shǐ yòng chāo shēng bō bù guò suí zhe kē jì de fā zhǎn wǒ
我们无法在真空中使用超声波。不过随着科技的发展，我
men kě yǐ zài gōng zuò hé shēng huó zhōng duì chāo shēng bō de jì shù jiā yǐ lì yòng
们可以在工作和生活中对超声波的技术加以利用。
lì rú wǒ men kě yǐ lì yòng chāo shēng bō pín lù gāo de tè diǎn lái qīng xǐ jīng mì
　　例如，我们可以利用超声波频率高的特点来清洗精密
de yī liáo qì xiè qīng xǐ de shí hou jiā rù qīng xǐ yè kě yǐ ràng yī liáo qì xiè xǐ
的医疗器械。清洗的时候，加入清洗液可以让医疗器械洗
de gèng jiā gān jìng dāng qīng xǐ yè yù dào chāo shēng bō yè tǐ huì yīn shòu dào yā lì ér
得更加干净。当清洗液遇到超声波，液体会因受到压力而

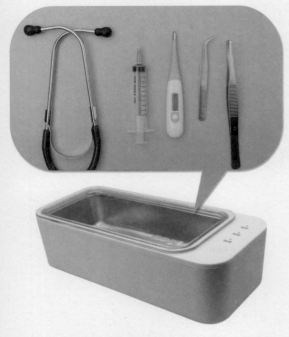

变得密集，又会因受到拉力而变得稀疏。如此反复，液体可受不了这番"折腾"，因此会在多次受力后发生碎裂，产生许多小空泡。这种小空泡一转眼又会破裂并产生很强的微冲击波。这种现象在物理学上叫"空化现象"。

随着这种小空泡急速增长和破裂，它们产生的冲击波就像是许许多多无形的"小刷子"，勤快而起劲地冲刷着零件的每一个角落。因此，污垢很快就会被洗掉，器械的干净程度绝对令人满意。

 探索小知识

超声波的威力很强，可以用它来击碎人体的结石。使用这种方式不仅不用开刀，对身体造成的伤害也很小。

什么是伽马刀？

伽马刀既没有刀刃也没有刀柄，甚至没有一定的形状。它是一种利用伽马射线来进行治疗的医疗装置，通过照射

肿瘤等病变组织，从而对病变细胞进行破坏或抑制其生长。和X射线一样，伽马射线也是一种电磁辐射，当原子核从能量较高的状态过渡到能量较低的

状态时，或原子核发生衰变时就会发出伽马射线。伽马射线的波长比X射线的短得多，但它的能量比X射线的更强。

在利用伽马刀进行手术时，必须先由医生利用计算机在一架专门的仪器上精确测定患者的肿瘤部位，然后把调整好的若干束伽马射线从不同的方向射向肿瘤部位，就像把各个方向的光线聚焦在一个焦点上，使焦点部位的伽马射线辐射剂量足够大。这样，肿瘤细胞"中弹"后便立即死亡，而正常细胞却不会受到损伤。

探索小知识

用伽马刀进行手术治疗，患者不必进行麻醉，也不必开刀，而且手术时间短，一般只需几十分钟就可以完成手术。患者一般在一周以后就可以正常学习和工作。

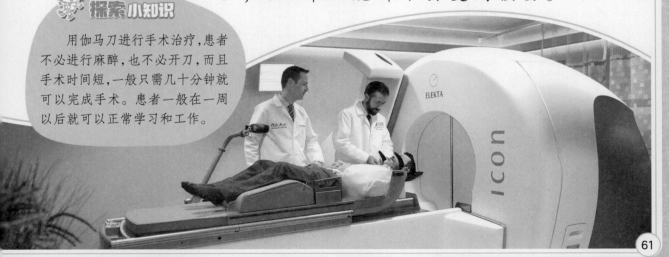

"前方有障碍物。"

还好有电子眼提醒我。

diàn zǐ yǎn shì zěn yàng **bāng zhù** máng rén kàn jiàn dōng xi de
电子眼是怎样**帮助**盲人"看见"东西的？

zài wǒ men suǒ huò dé de xìn xī zhōng hěn dà yī bù fen shì yī kào yǎn jing huò qǔ
在我们所获得的信息中，很大一部分是依靠眼睛获取

de ér shuāng mù shī míng de rén tā men kàn bù dào wǔ cǎi bīn fēn de dà qiān shì jiè shǎo
的。而双目失明的人，他们看不到五彩缤纷的大千世界，少

le xǔ duō xìn xī lái yuán zài shēng huó zhōng yě
了许多信息来源，在生活中也

huì yù dào hěn duō kùn nan wèi le bāng zhù
会遇到很多困难。为了帮助

máng rén kàn jiàn dōng xi kē xué jiā fā míng
盲人"看见"东西，科学家发明

le duō zhǒng fǎng shēng diàn zǐ yǎn
了多种仿生电子眼。

qí zhōng zhī yī shì chāo shēng bō diàn zǐ
其中之一是超声波电子

眼。它的原理是在盲人使用的眼镜、手电筒或手杖中安装超声波发生器,当发出的超声波遇到障碍物时,它会反射回来,被电子眼中的超声波接收器接收到,再转变成声音从耳机中播放出来。根据声音音调的变化,盲人就能判断出前方大致有什么样的障碍物了。这种电子眼的发明灵感来自蝙蝠。

还有一种激光电子眼,它的原理与超声波电子眼相似,也有发射器和接收器,不过它使用的是激光。仿生电子眼的出现,使盲人可以"看见"事物,这让他们的生活变得更加便利。

探索小知识

仿生电子眼是一种特别的眼镜,上面设有微型相机,相机摄录下来的图像可以转换成电流信号,这种信号再传到大脑中。戴上它之后,盲人可以"看见"物体的形状和色彩。

zhēn jiǔ liáo fǎ shì zěn yàng dàn shēng de
针灸疗法是怎样诞生的？

zhēn jiǔ shì zhēn fǎ hé jiǔ fǎ de zǒng chēng shì wǒ guó gǔ dài láo dòng rén mín chuàng zào
针灸是针法和灸法的总称，是我国古代劳动人民创造

de yī zhǒng dú tè de yī liáo fāng fǎ zài hěn jiǔ yǐ qián rén men jiù yǐ jīng huì lì yòng
的一种独特的医疗方法。在很久以前，人们就已经会利用

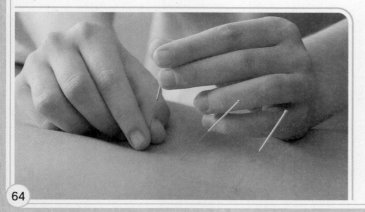

yī xiē jiān yìng de qì wù lái chǔ lǐ
一些坚硬的器物来处理

chuāngshāng rú jǐ nóng děng dào le
创伤，如挤脓等。到了

xīn shí qì shí dài rén men kāi shǐ jiāng
新石器时代，人们开始将

shí tou mó chéng biān shí lái zhì liáo yī
石头磨成砭石来治疗一

xiē jí bìng
些疾病。

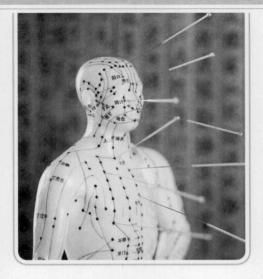

hòu lái suí zhe lì shǐ wén míng de yǎn biàn hé
后来，随着历史文明的演变和
jì shù de gǎi jìn rén men yòu fā míng chū gè lèi zhēn
技术的改进，人们又发明出各类针
jù bìng yòng qí cì jī rén shēn tǐ shang de xué wèi
具，并用其刺激人身体上的穴位，
yǐ dá dào huǎn jiě huò zhì yù bìng zhèng de mù dì cǐ
以达到缓解或治愈病症的目的。此
wài rén men hái fā xiàn yòng jiǔ zhù huò jiǔ cǎo zài tǐ
外，人们还发现用灸炷或灸草在体
biǎo tè dìng xué wèi shang shāo zhuó xūn yùn lì yòng rè
表特定穴位上烧灼、熏熨，利用热
liàng cì jī yě kě yǐ yù fáng hé zhì liáo jí bìng
量刺激，也可以预防和治疗疾病。

zhè zhǒng zhì liáo fāng shì cháng yòng dào ài cǎo gù ér chēng wéi
这种治疗方式常用到艾草，故而称为
ài jiǔ zuì zǎo de zhēn jiǔ liáo fǎ yě yóu cǐ xíng chéng
艾灸。最早的针灸疗法也由此形成。
zhēn fǎ hé jiǔ fǎ shì dōng fāng yī xué de zhòng yào
针法和灸法是东方医学的重要
zǔ chéng bù fen jù yǒu xiān míng de zhōng huá mín zú wén huà
组成部分，具有鲜明的中华民族文化
yǔ dì yù tè zhēng yě shì wǒ guó zhòng yào de fēi wù zhì
与地域特征，也是我国重要的非物质
wén huà yí chǎn zhī yī
文化遗产之一。

探索小知识

针灸在长期的医疗实践
中，形成了由十二经脉、奇经
八脉、十五别络、十二经别、十
二经筋、十二皮部以及孙络、
浮络等组成的经络理论。

好多种药材呀!

中药方子的剂量有严格的规定,千万不能弄错。

zhōng yào fāng zi zhōng wèi shén me yǒu nà me duō yào cái
中药方子中为什么有那么多药材?

dāng huàn zhě qù kàn zhōng yī shí　dài fu huì gēn jù huàn zhě de bìng zhèng kāi chū yào fāng
当患者去看中医时,大夫会根据患者的病症开出药方,

yào fāng zhōng huì liè chū shù zhǒng bù tóng de yào cái jí qí jì liàng　wèi shén me dài fu kāi de
药方中会列出数种不同的药材及其剂量。为什么大夫开的

zhōng yào fāng zi li huì yǒu nà me duō bù tóng
中药方子里会有那么多不同

de yào cái
的药材?

sú huà shuō　shì yào sān fēn dú
俗话说:"是药三分毒",

yì si shì yào wù suī rán yǒu zhì bìng de gōng
意思是药物虽然有治病的功

xiào dàn shì tā tóng shí yě jù yǒu yī dìng
效,但是它同时也具有一定

de dú xìng ér zhōng yào fāng zi yóu duō zhǒng yào cái zǔ
的毒性。而中药方子由多种药材组

chéng jiù shì wèi le ràng yào wù de piān xìng xiāng hù pèi hé
成，就是为了让药物的偏性相互配合，

yǐ ruò huà dú xìng zēng qiáng yào xìng
以弱化毒性、增强药性。

yī gè zhōng yào fāng zi li měi zhǒng yào wù běn shēn
一个中药方子里，每种药物本身

gè zì jù yǒu ruò gān tè xìng hé zuò yòng qí zhōng qǐ zhǔ
各自具有若干特性和作用，其中起主

yào zuò yòng de shì jūn yào jiā qiáng jūn yào zuò yòng de shì
要作用的是君药，加强君药作用的是

chén yào qǐ fǔ zhù zuò yòng de shì zuǒ yào yǐn dǎo duō zhǒng
臣药，起辅助作用的是佐药，引导多种

yào wù dào dá bìng suǒ de shì shǐ yào bù tóng pèi fāng li
药物到达病所的是使药。不同配方里

de yào wù dōu yǒu qí bù tóng de gōng xiào zhěng gè yào fāng
的药物都有其不同的功效，整个药方

jiù xiàng yī gè yǒu jī de zhěng
就像一个有机的整

tǐ quē yī bù kě bù tóng yào cái dā pèi shǐ
体，缺一不可。不同药材搭配使

yòng cái néng ràng huàn zhě gèng kuài de huī fù jiàn kāng
用，才能让患者更快地恢复健康。

探索小知识

中药剂量是指临床应用时的药材分量，它主要指明了每味药的成人一日用量。药量过小，起不到治疗作用而贻误病情；药量过大，也可能引起不良后果。

领先的技术

67

中医可以通过诊脉来判断人体气血流通是否顺畅。

这门学科真厉害!

zhōng yī zhěn mài néng fā xiàn rén tǐ xuè yè xún huán shì fǒu zhèngcháng ma
中医诊脉能发现人体血液循环是否正常吗?

zhōng yī zài wǒ guó yǒu zhe yōu jiǔ de lì shǐ tā dàn shēng yú yuán shǐ shè huì dào
中医在我国有着悠久的历史,它诞生于原始社会,到

le chūn qiū zhàn guó shí qī yǐ jī běn xíng chéng yí dìng de lǐ lùn hé tǐ xì
了春秋战国时期已基本形成一定的理论和体系。

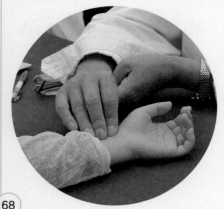

zhōng yī xué kē yǐ yīn yáng wǔ xíng zuò wéi lǐ lùn jī
中医学科以阴阳五行作为理论基

chǔ tōng guò wàng wén wèn qiè sì zhěn hé cān de
础,通过"望、闻、问、切"四诊合参的

fāng fǎ fēn xī bìng zhèng rán hòu zhì dìng hàn tù xià
方法分析病症,然后制定"汗、吐、下、

hé wēn qīng bǔ xiāo děng zhì fǎ shǐ yòng zhōng yào
和、温、清、补、消"等治法,使用中药、

zhēn jiǔ tuī ná àn mó bá guàn shí liáo děng duō zhǒng
针灸、推拿、按摩、拔罐、食疗等多种

zhì liáo shǒu duàn   shǐ huàn zhě quán yù
治疗手段，使患者痊愈。

zài zhōng yī li   bǎ mài yòu chēng wéi
在中医里，把脉又称为

qiè mài   yào gēn jù mài xiàng liǎo jiě huàn zhě
切脉，要根据脉象了解患者

bìng qíng   rén tǐ zhōng jiào cháng jiàn de mài xiàng
病情。人体中较常见的脉象

yǒu   zhǒng měi yī zhǒng mài xiàng de chǎn shēng
有28种，每一种脉象的产生

yǔ xīn zàng de bō dòng   xīn qì de shèng shuāi
与心脏的波动、心气的盛衰、

mài dào de tōng lì hé qì xuè de yíng kuī zhí jiē xiāng guān   yīn cǐ zhōng yī bǎ mài   bǎ
脉道的通利和气血的盈亏直接相关。因此，中医把脉"把"

de bù zhǐ shì mài bó   gèng shì xuè yè de liú tōng qíng kuàng
的不只是脉搏，更是血液的流通情况。

mài bó yǔ xīn zàng de tiào dòng xī xī xiāng guān   dòng mài jiāng xīn zàng de xuè yè shū sòng
脉搏与心脏的跳动息息相关，动脉将心脏的血液输送

dào quán shēn gè chù   jìng mài jiāng quán shēn gè chù de xuè yè
到全身各处，静脉将全身各处的血液

sòng huí xīn zàng   rú guǒ yī gè rén de wǔ zàng liù fǔ
送回心脏。如果一个人的五脏六腑

qì xuè kuī sǔn   jiù kě yǐ tōng guò bǎ mài zhěn duàn chū lái
气血亏损，就可以通过把脉诊断出来。

探索小知识

唐代孙思邈对前人的中医学理论进行了总结，并收集了许多药方，他坚持采用辨证治疗法，因其医德高尚、医术高明，被世人尊称为"药王"。

为什么说牛痘疫苗是天花的"死对头"?

天花又名痘疮,是一种传染性很强的疾病。在古代,由于医疗条件不高,医生找不到克制天花的办法,得了天花的患者死亡率极高,因此,人们对于天花可谓是谈虎色变。这种病毒繁殖速度快,传播速度也快,致死率高达30%,即使撑过了危险期,患者脸上也会留下痘痕、麻斑,"天花"由此得名。

牛痘是发生在牛身上的一种传染性痘疹疾病，并且能传染给人。但是相对于天花，人在感染牛痘后的并发症会轻一些，致死率也低得多。

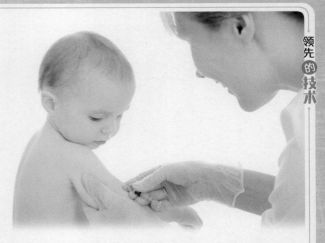

英国医生爱德华·琴纳通过研究发现，感染过牛痘的人就不会再感染天花。灭活的牛痘疫苗解决了威胁人类千百年的天花病毒，称得上是天花的"死对头"。此外，琴纳医生还用实验证明了接种疫苗可以让身体增强对某些特定疾病的抵抗力。

探索小知识

灭活疫苗是经过灭活处理之后的病毒，它没有致病的能力，也不会再造成感染。不过，灭活疫苗依然可以刺激人体产生相应的抗体，来抵御病毒的入侵。

手术之前,来一针麻醉药就感觉不到疼啦!

dǎ le má zuì yào hòu wèi shén me gǎn jué bù dào téng tòng
打了麻醉药后,为什么感觉不到疼痛?

dāng pí fū bèi huá pò shí wǒ men huì gǎn dào téng tòng zhè shì yīn wèi shén jīng huì jiāng
当皮肤被划破时,我们会感到疼痛,这是因为神经会将

zhè zhǒng cì jī chuán rù dà nǎo rán hòu zài dà nǎo de mìng lìng zhī xià ràng rén chǎn shēng tòng
这种刺激传入大脑,然后在大脑的命令之下,让人产生痛

jué dàn rú guǒ zài shǒu shù qián gěi huàn zhě dǎ shàng má zuì yào jí shǐ pí fū bèi qiē kāi
觉。但如果在手术前给患者打上麻醉药,即使皮肤被切开

le tā men yě gǎn jué bù dào tòng le nǐ zhī dào wèi shén me huì zhè yàng ma
了,他们也感觉不到痛了,你知道为什么会这样吗?

yuán lái má zuì yào shì yī zhǒng néng shǐ zhěng gè jī tǐ huò jú bù jī tǐ zàn shí kě
原来,麻醉药是一种能使整个机体或局部机体暂时、可

nì xìng shī qù zhī jué jí tòng jué de yào wù tā néng zǔ zhǐ shāng hài xìng cì jī chǎn shēng de
递性失去知觉及痛觉的药物。它能阻止伤害性刺激产生的

tòng jué xìn hào chuán dì dào dà nǎo zhōng shū cóng ér ràng huàn zhě gǎn jué bù dào téng
痛觉信号传递到大脑中枢,从而让患者感觉不到疼。

麻醉药分为全身麻醉药和局部麻醉药两类。全身麻醉药通过干扰人的神经细胞上的一些蛋白分子的正常功能，进而让中枢神经系统进入信息交流低效状态，因此患者就感受不到疼；而局部麻醉药能抑制神经末梢产生痛觉信号，这样就不会有痛觉信息传递到大脑，也就感受不到痛了。

探索小知识

麻醉药的作用时间是有限的，药物成分在一定的时间内会从体内排出。适量的麻醉药不会破坏人脑细胞，更不会使人变迟钝。

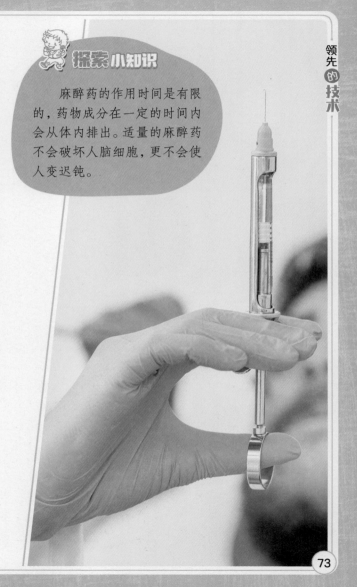

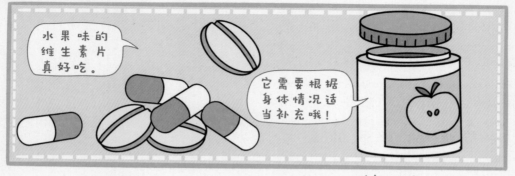

wéi shēng sù wèi shén me bèi chēng wéi kàng jī
维生素为什么被称为抗击
bìng mó de xiǎo wèi shi
病魔的"小卫士"？

suī rán wéi shēng sù zài rén tǐ nèi de hán liàng hěn shǎo dàn tā shì rén tǐ bù kě huò
虽然维生素在人体内的含量很少，但它是人体不可或
què de yī lèi wēi liàng yǒu jī wù zhì rú guǒ cháng qī quē shǎo wéi shēng sù rén kě néng huì
缺的一类微量有机物质。如果长期缺少维生素，人可能会
shēng bìng yán zhòng de shèn zhì huì dǎo zhì sǐ wáng
生病，严重的甚至会导致死亡。
qiān bǎi nián lái huài xuè bìng yī zhí sì wú
千百年来，坏血病一直肆无
jì dàn de wēi hài zhe rén lèi de jiàn kāng yuǎn
忌惮地危害着人类的健康。远
háng tàn xiǎn de chuán yuán shā mò zhōng cháng tú bá
航探险的船员、沙漠中长途跋

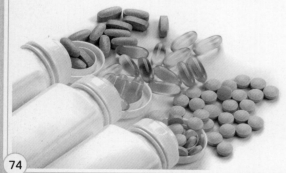

涉的士兵常常会得坏血病，这种疾病会使他们的体质逐渐虚弱，慢慢地出现牙龈出血、关节疼痛、腿脚麻木等症状，最后有的人甚至会死亡。

研究发现，这是由于他们的食物大多是干面包或熏肉，长期缺乏蔬菜和水果。在水果和蔬菜里含有丰富的维生素，维生素可以增强人体免疫力，是为生命提供保障的"小卫士"。

探索小知识

缺少维生素 A 容易导致人体皮肤粗糙，可能引发夜盲症；缺乏维生素 D 则会导致钙质吸收障碍，引发骨质疏松、发育不良等症状。

显微镜在医学上有哪些作用?

显微镜是人类伟大的发明之一,在此之前,人类对于世界的认知仅局限于肉眼或借助手持透镜所看到的事物。显微镜最早是由一位眼镜商人发明的,他用两片透镜制作了较为简易的显微镜,但是这个显微镜并没有用来做过任何重要观察。后来,荷兰的一位贸易商列文虎克也做出了一台显

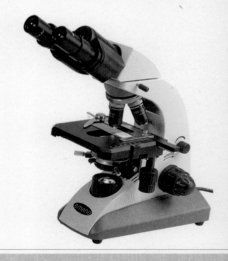

wēi jìng，bìng yòng qí guān chá dào le xǔ duō wēi
微镜，并用其观察到了许多微
shēng wù
生物。

xiǎn wēi jìng de chū xiàn wèi rén lèi guān chá
显微镜的出现为人类观察
wēi guān shì jiè tí gōng le biàn lì yě wèi xì
微观世界提供了便利，也为细
jūn xué hé yuán shēng wù xué de yán jiū fā zhǎn diàn
菌学和原生物学的研究发展奠
dìng le jī chǔ shì jì nián dài dé guó wù lǐ xué jiā è ēn sī tè lú sī
定了基础。20世纪30年代，德国物理学家厄恩斯特·卢斯
kǎ lì yòng diàn zǐ guāng xué de yuán lǐ yán zhì chū le diàn zǐ xiǎn wēi jìng zhè xiàng fā míng dà
卡利用电子光学的原理研制出了电子显微镜，这项发明大
dà cù jìn le yī xué de fā zhǎn
大促进了医学的发展。

yī liáo rén yuán kě yǐ yòng diàn zǐ xiǎn wēi jìng miáo huì rén tǐ xì wēi de shén jīng huí lù
医疗人员可以用电子显微镜描绘人体细微的神经回路
huò shì guān chá tuō yǎng hé táng hé suān de xíng
或是观察DNA(脱氧核糖核酸)的形
tài tōng guò diàn zǐ xiǎn wēi jìng rén men hái kě yǐ
态。通过电子显微镜，人们还可以
guān chá shēng wù de ruǎn gǔ xì bāo fā xiàn dòng wù shèn
观察生物的软骨细胞，发现动物肾
zàng zǎo qī xiān wéi huà yǐ jí guān chá zhēn hé xì bāo
脏早期纤维化，以及观察真核细胞
de xì bāo qì děng
的细胞器等。

探索小知识

电子显微镜由镜筒、真空
系统和电源柜组成，它的分辨能
力虽远胜光学显微镜，但电子显
微镜需在真空条件下工作，所以
很难观察活的生物。

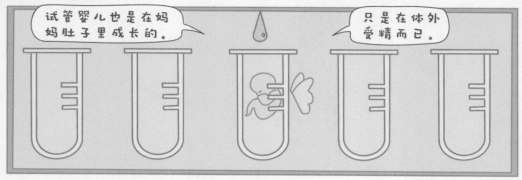

shì guǎn rú hé chuàng zào shēngmìng
试管如何"创造"生命？

hái zi shì fù mǔ ài de jié jīng　shòu yùn shí　mā ma luǎn cháo li de luǎn zǐ huì
孩子是父母爱的结晶。受孕时，妈妈卵巢里的卵子会
jìng jìng děng dài bà ba de jīng zǐ de
静静"等待"爸爸的精子的
dào lái cǐ shí yī dà qún jīng zǐ
到来。此时，一大群精子
huì cháo zhe luǎn zǐ yóu guò lái dàn shì
会朝着卵子游过来。但是
zuì hòu zhǐ yǒu yī kē jīng zǐ kě yǐ
最后，只有一颗精子可以
chéng gōng de hé luǎn zǐ shǒu lā shǒu
成功地和卵子"手拉手"，
jié hé zài yī qǐ xíng chéng yī kē shòu
结合在一起，形成一颗受

精卵。接着，输卵管会微微地摆动，把受精卵送到孕育生命的"摇篮"——子宫。随着生长发育，受精卵就会变成小宝宝。

如果输卵管堵塞或者其他原因导致受精卵无法顺利到达目的地，也就无法成功受孕了。面对渴望拥有一个孩子却怀孕困难的群体，试管婴儿这一技术解决了他们的难题。

试管婴儿是体外受精-胚胎移植技术的俗称，这种技术采用了人工方法让卵细胞和精子在体外受精，并进行早期胚胎发育，当胚胎稳定之后才会被移植到母体子宫内发育。

探索小知识

多利是世界上第一只克隆羊。她没有父亲，但有三个母亲，一个提供DNA，另一个提供卵细胞，还有一个负责代孕。

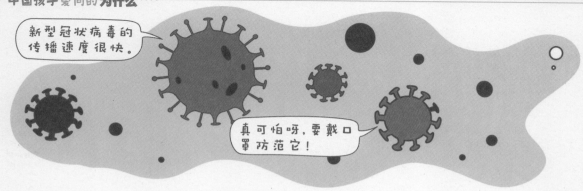

<ruby>怎<rt>zěn</rt></ruby><ruby>样<rt>yàng</rt></ruby><ruby>防<rt>fáng</rt></ruby><ruby>范<rt>fàn</rt></ruby><ruby>新<rt>xīn</rt></ruby><ruby>型<rt>xíng</rt></ruby><ruby>冠<rt>guān</rt></ruby><ruby>状<rt>zhuàng</rt></ruby><ruby>病<rt>bìng</rt></ruby><ruby>毒<rt>dú</rt></ruby>？

2019<ruby>年<rt>nián</rt></ruby><ruby>发<rt>fā</rt></ruby><ruby>现<rt>xiàn</rt></ruby><ruby>的<rt>de</rt></ruby><ruby>新<rt>xīn</rt></ruby><ruby>型<rt>xíng</rt></ruby><ruby>冠<rt>guān</rt></ruby><ruby>状<rt>zhuàng</rt></ruby><ruby>病<rt>bìng</rt></ruby><ruby>毒<rt>dú</rt></ruby><ruby>威<rt>wēi</rt></ruby><ruby>胁<rt>xié</rt></ruby><ruby>着<rt>zhe</rt></ruby><ruby>全<rt>quán</rt></ruby><ruby>球<rt>qiú</rt></ruby><ruby>人<rt>rén</rt></ruby><ruby>类<rt>lèi</rt></ruby><ruby>健<rt>jiàn</rt></ruby><ruby>康<rt>kāng</rt></ruby>。<ruby>与<rt>yǔ</rt></ruby> SARS <ruby>病<rt>bìng</rt></ruby><ruby>毒<rt>dú</rt></ruby><ruby>相<rt>xiāng</rt></ruby><ruby>比<rt>bǐ</rt></ruby>，<ruby>新<rt>xīn</rt></ruby><ruby>型<rt>xíng</rt></ruby><ruby>冠<rt>guān</rt></ruby><ruby>状<rt>zhuàng</rt></ruby><ruby>病<rt>bìng</rt></ruby><ruby>毒<rt>dú</rt></ruby><ruby>的<rt>de</rt></ruby><ruby>传<rt>chuán</rt></ruby><ruby>染<rt>rǎn</rt></ruby><ruby>性<rt>xìng</rt></ruby><ruby>和<rt>hé</rt></ruby><ruby>致<rt>zhì</rt></ruby><ruby>病<rt>bìng</rt></ruby><ruby>性<rt>xìng</rt></ruby><ruby>更<rt>gèng</rt></ruby><ruby>高<rt>gāo</rt></ruby>，<ruby>它<rt>tā</rt></ruby><ruby>可<rt>kě</rt></ruby><ruby>以<rt>yǐ</rt></ruby><ruby>通<rt>tōng</rt></ruby><ruby>过<rt>guò</rt></ruby><ruby>飞<rt>fēi</rt></ruby><ruby>沫<rt>mò</rt></ruby><ruby>传<rt>chuán</rt></ruby><ruby>播<rt>bō</rt></ruby>，<ruby>也<rt>yě</rt></ruby><ruby>可<rt>kě</rt></ruby><ruby>以<rt>yǐ</rt></ruby><ruby>通<rt>tōng</rt></ruby><ruby>过<rt>guò</rt></ruby><ruby>气<rt>qì</rt></ruby><ruby>溶<rt>róng</rt></ruby><ruby>胶<rt>jiāo</rt></ruby><ruby>或<rt>huò</rt></ruby><ruby>者<rt>zhě</rt></ruby><ruby>物<rt>wù</rt></ruby><ruby>体<rt>tǐ</rt></ruby><ruby>接<rt>jiē</rt></ruby><ruby>触<rt>chù</rt></ruby><ruby>进<rt>jìn</rt></ruby><ruby>行<rt>xíng</rt></ruby><ruby>传<rt>chuán</rt></ruby><ruby>播<rt>bō</rt></ruby>。<ruby>新<rt>xīn</rt></ruby><ruby>型<rt>xíng</rt></ruby><ruby>冠<rt>guān</rt></ruby><ruby>状<rt>zhuàng</rt></ruby><ruby>病<rt>bìng</rt></ruby><ruby>毒<rt>dú</rt></ruby><ruby>的<rt>de</rt></ruby><ruby>潜<rt>qián</rt></ruby><ruby>伏<rt>fú</rt></ruby><ruby>期<rt>qī</rt></ruby><ruby>很<rt>hěn</rt></ruby><ruby>长<rt>cháng</rt></ruby>，<ruby>会<rt>huì</rt></ruby><ruby>让<rt>ràng</rt></ruby><ruby>人<rt>rén</rt></ruby><ruby>体<rt>tǐ</rt></ruby><ruby>的<rt>de</rt></ruby><ruby>免<rt>miǎn</rt></ruby><ruby>疫<rt>yì</rt></ruby><ruby>力<rt>lì</rt></ruby><ruby>降<rt>jiàng</rt></ruby>

低，感染者有的会轻微咳嗽或者发热，有的会发展为肺炎，严重的甚至会导致死亡。

面对新型冠状病毒，我们需要按照防疫要求，减少外出和聚集，做到勤洗手、多通风，并且经常清洁室内，注意消毒，还要适当锻炼以增强身体免疫力，从而降低感染风险。

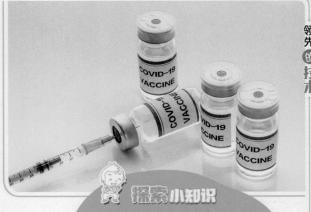

探索小知识

如果你接触过发热或咳嗽的人，而之后自己也出现了相关的呼吸道症状，一定要引起重视，应该带上一次性医用口罩及时去医院就诊。

另外，我们还可以通过接种"新冠"疫苗进行防护，"新冠"疫苗是针对2019新型冠状病毒及其变体的疫苗制剂。接种后可以让我们增强对病毒的抵抗力，最大程度降低病毒的伤害。

为什么说青霉素是
抵御细菌感染的"武器"？

1928年，英国人弗莱明在观察葡萄球菌时，发现培养皿中青霉菌的周围没有葡萄球菌生长。他由此认为青霉菌可以分泌一种能够杀死葡萄球菌或阻止葡萄球菌生长的物质，并将其称为"青霉素"。到了1940年，英国的病理学家佛罗里和德国的生物化学家钱恩通过实验证明，青霉素对于细菌感染具有很好的治疗作用，一位败血症患者因使用了青霉素而恢复健康。因此，青霉素成为家喻户晓的抵御细菌感染的"武器"。

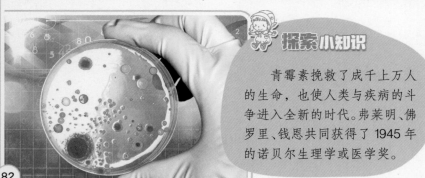

探索小知识

青霉素挽救了成千上万人的生命，也使人类与疾病的斗争进入全新的时代。弗莱明、佛罗里、钱恩共同获得了1945年的诺贝尔生理学或医学奖。

探索未知世界是人类永恒的追求,人类的每一次航空航天活动,都是人类活动范围的一次飞跃,更新了人类对地球空间、太阳系乃至整个宇宙的认识,推动了科技的创新和进展。

航空与航天

HANGKONG YU HANGTIAN

看，热气球起飞啦！

乘坐热气球能环游世界吗？

热气球的发明，让很多人的飞行愿望得到满足，也让冒险者产生了乘坐热气球去环游世界的想法。那么这个想法可以实现吗？

热气球主要由球囊、吊篮和加热装置组成。它利用热胀冷缩的原理，用吊篮里的加热装置加热气球内部的空气，当空气受热膨胀后，比重会变轻而向上升起。当然，热空气只能产生向上的浮力，热气球的飞行动力还是要靠风力。对于环球飞行的热气球来说，必须选择速度和方向都合适的高空气流，并随之运动，才能高效地完成飞行。

理论上来说，乘热气球环游世界是可行的，但实际上热气球的飞行会受气候条件的影响。气候是不可控的，所以乘坐热气球环游世界是困难且危险的活动。

探索小知识

18世纪，法国造纸商蒙戈尔菲耶兄弟偶然发现纸屑能在火炉中不断升起，于是他们用纸袋把热气聚集起来，发现纸袋能够随着气流不断上升。后来，他们发明了热气球。

飞机穿过云层，在蓝天上翱翔。

换了装备后，飞机飞得更快了！

为了适应超声速飞行，飞机进行了怎样的"变身"？

在飞机出现之前，热气球、飞艇等是盛极一时的飞行器，但是这些飞行器不够灵活，速度也不快。直到莱特兄弟发明出第一架飞机，这架飞机能完成最简单的转弯、倾斜、爬升和俯冲等动作。随着飞机逐渐成为便捷的运输工具以及重要的军事资源，为了适应当下越来越高的速度需求，飞机也做了许多改变。

在机翼方面，人们将机翼制造成适合超声速飞行的翼型（即机翼的横截面形状），比如后掠翼和三角翼；在发动机方面，人们采用了阻力小、动力强劲的喷气发动机，能大大提升飞机的飞行速度；在机身方面，人们不仅通过调整飞机的形状以降低阻力，还采用更耐高温的钛合金作为机身的结构材料。

随着研究的深入，人们不断地调整飞机的形状及用材，以适应不同的速度。

探索小知识

声音在不同的介质中的传播速度：在空气（15℃）中为340米/秒，在蒸馏水（25℃）中为1497米/秒，在铜棒中为3750米/秒。

有空投物资落下来了，快去看看！

为什么降落伞能精确地把
人或货物送到目标点？

降落伞可以使人或物从空中安全降落到地面，且可以准确到达目标点。它是怎么做到的呢？

其实，早期的降落伞在无风的理想条件下，是可以准确地将物体运送到降落点的。但实际上，由于受到气象条件和降

落技术的影响，空投、空降的准确性并不是很高。为适应军事斗争和科技发展的需要，人们加强了对降落伞的科学研究。

具备水平滑翔功能的翼型降落伞的出现，使得空投、空降的准确性上升到了一个新的高度。翼型降落伞的伞衣区别于传统的圆形，它用不透气的织物制造上下翼面，中间用具有翼形的肋片连接，前缘开有切口以便于空气进入，使降落伞充气后形成机翼形状。翼伞在滑翔中能产生升力，具有很强的可操作性。训练有素的运动员或伞兵，能操纵翼伞飞越危险区，躲避障碍，并精确地降落到指定的目标点。

探索小知识

降落伞俗称"保险伞"，广泛应用于航空航天领域。它可以用来回收无人驾驶飞机、试验导弹、运载火箭助推器以及返回式航天飞行器等。

领先的技术

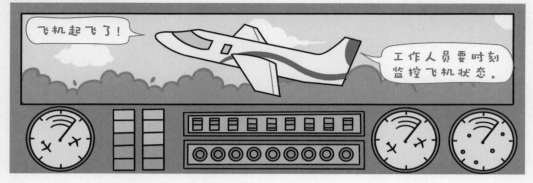

wèi shén me jī chǎng yào yǒu zhuān yòng de léi dá
为什么机场要有专用的雷达？

fēi jī shang yī bān dōu huì zhuāng yǒu léi dá   tā xiāng dāng yú fēi jī de   yǎn jing
飞机上一般都会装有雷达，它相当于飞机的"眼睛"，

kě yǐ bāng zhù fēi xíng yuán guān cè fēi xíng shí de qì hòu shì fǒu zhèng cháng   qián fāng shì fǒu yǒu
可以帮助飞行员观测飞行时的气候是否正常、前方是否有

zhàng ài wù děng   yǐ fáng zhǐ fēi jī wù rù léi
障碍物等，以防止飞机误入雷

yǔ qū   bì miǎn yǔ qí tā fēi jī huò dì miàn
雨区，避免与其他飞机或地面

zhàng ài wù xiāng zhuàng
障碍物相撞。

chú le fēi jī shang yǒu léi dá   fēi jī
除了飞机上有雷达，飞机

chǎng yě yǒu zhuān yòng de léi dá   jī chǎng léi
场也有专用的雷达。机场雷

达主要用来探测飞机，指挥航空交通。机场监视雷达用于探测1000千米范围内活动的飞机，雷达的荧光屏可以显示出每架飞机的准确位置，这样空中交通管制员就可以根据飞机的方位和距离，引导飞行员按照正确的航线飞行，直至飞机降落在跑道上。

乘坐飞机的时候，偶尔会听到"飞机流量控制"一词，这就是通过限定单位时间内进入某一区域的飞机数量，来维持空中安全的交通流。在这个过程中，雷达能对飞机流量进行统计和预测，对维护飞机的飞行安全起到了重要作用。

探索小知识

机场监视雷达只能探测飞机的方位和距离，不能显示飞机的高度。如果要探测处于最后进近阶段的飞机，则需要精密进近雷达进行探测。

为什么直到20世纪人类才进入太空？

火箭能飞向太空，需要足够大的推力，火箭的速度只有达到每秒7.9千米以上，才能飞离地球，而古代的黑火药所能提供的推力是远远不够的。直到物理和化学领域的研究取得重大进展后，合适的火箭推进剂才被研究和开发出来。

航天技术可以分为"软"和"硬"两方面。"硬"的方面涉及火箭的结构、材料、燃料、低温等技术,以保证火箭有能力飞出大气层;"软"的方面涉及火箭的现代控制技术、系统工程、计算机技术等,以保证火箭不会走偏。在20世纪,这两方面的技术都趋于成熟,才有了人类进入太空的壮举,这是对人类生存疆界的极大拓展,使人类文明在更大空间得以延续。

探索小知识

万户(元朝末年—1390年)本名陶成道,是第一个想到利用火箭飞天的人,被称为"世界航天第一人"。为纪念万户,国际天文学联合会将月球上的一座环形山以这位古代的中国人的名字命名。

卫星绕着地球转动。

卫星为什么不会迷路呢？

wèi shén me huǒ jiàn shàng tiān hòu bù huì piān lí dàn dào
为什么火箭上天后不会偏离弹道？

huǒ jiàn kě yǐ lì yòng zì shēn de tuī jìn qì jìn rù dà
火箭可以利用自身的推进器进入大
qì céng huò fēi dào dà qì céng wài zài lǐ xiǎng de tiáo jiàn xià
气层或飞到大气层外，在理想的条件下，
huǒ jiàn huì yán zhe yù dìng de biāo zhǔn dàn dào fēi xíng jiāng wèi xīng
火箭会沿着预定的标准弹道飞行，将卫星、
kē xué yí qì huò fēi chuán sòng rù yù dìng de guǐ dào dàn shí
科学仪器或飞船送入预定的轨道。但实
jì shàng fēi xíng guò chéng zhōng de gān rǎo yīn sù yǒu hěn
际上，飞行过程中的干扰因素有很
duō huǒ jiàn zhī suǒ yǐ bù huì piān lí dàn dào shì yīn
多，火箭之所以不会偏离弹道，是因
wèi yǒu zhì dǎo xì tǒng zài shí shī kòng zhì
为有制导系统在实施控制。

"神舟八号"之前的飞船在发射升空前需要预先设计理论弹道，火箭按照理论弹道飞行，当位置、速度与理论弹道存在偏差时，再根据偏差进行自我修正。在这种制导方式下，火箭始终瞄着一个固定的入轨点，所以它的适应性和入轨精度相对较差。

"长征二号F"火箭在发射"神舟八号"时首次使用了全新的"神经系统"。它是一种自适应制导技术，火箭在飞行过程中边"走"边"算"，会自行根据速度、位置及预估的入轨点不断调整飞行轨迹。

探索小知识

在距离火箭发射塔200米左右的地方，通常会有一座方方正正但并不起眼的小房子，它的名字叫"瞄准间"，火箭入轨的瞄准工作就是在这里完成的。

领先的技术

95

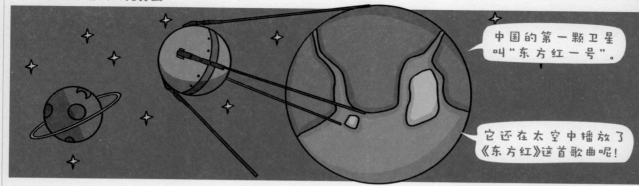

中国的第一颗卫星叫"东方红一号"。

它还在太空中播放了《东方红》这首歌曲呢!

世界上第一颗人造卫星是什么时候发射的?

rén zào wèi xīng shì zhǐ huán rào dì qiú huò qí tā xíng xīng fēi xíng bìng zài kōng jiān guǐ dào
人造卫星是指环绕地球或其他行星飞行并在空间轨道
yùn xíng yī quān yǐ shàng de wú rén háng tiān qì guān yú rén zào wèi xīng de shè xiǎng shì zài
运行一圈以上的无人航天器。关于人造卫星的设想是在
nián yóu sū lián kē xué jiā qí ào ěr kē fū sī jī tí chū lái de kě shì dāng shí
1895年由苏联科学家齐奥尔科夫斯基提出来的,可是当时
de rén men dà dōu rèn wéi zhè ge xiǎng fǎ shì tiān fāng yè tán
的人们大都认为这个想法是天方夜谭,
shèn zhì jué de qí ào ěr kē fū sī jī zǒu huǒ rù mó le
甚至觉得齐奥尔科夫斯基走火入魔了,
rén lèi zěn me kě néng zhì zào chū xiàng yuè liang
人类怎么可能制造出像月亮
yī yàng wéi rào dì qiú bù tíng xuán zhuǎn de dōng
一样围绕地球不停旋转的东

xi ne
西呢？

kě shì jiù zài jǐ shí nián hòu
可是，就在几十年后，
qí ào ěr kē fū sī jī de shè xiǎng bèi
齐奥尔科夫斯基的设想被
tā de xué shēng kē luó liào fū biàn chéng le
他的学生科罗廖夫变成了
xiàn shí zài   nián   yuè   rì
现实。在 1957 年 10 月 4 日
de wǎn shang   sū lián chéng gōng xiàng tài kōng
的晚上，苏联成功向太空

fā shè le shì jiè shang dì yī kē rén zào wèi xīng
发射了世界上第一颗人造卫星。

zhè kē wèi xīng de běn tǐ shì yī zhī yòng lǚ hé jīn zuò chéng de yuán qiú   zhí jìng yuē
这颗卫星的本体是一只用铝合金做成的圆球，直径约
lí mǐ zhòng yuē   qiān kè   yuán qiú wài miàn fù zhuó   gēn biān zhuàng tiān xiàn   qí zhōng
58 厘米，重约83.6千克。圆球外面附着4根鞭状天线，其中
yī duì cháng yuē   lí mǐ   lìng yī duì cháng yuē   lí mǐ zhè kē wèi xīng yóu yī zhī
一对长约240厘米，另一对长约290厘米。这颗卫星由一支
sān jí yùn zài huǒ jiàn fā shè   zài tiān kōng zhōng yùn xíng
三级运载火箭发射，在天空中运行
le   tiān rào dì qiú yuē   quān xíng chéng yuē
了92天，绕地球约1400圈，行程约
wàn qiān mǐ   yú   nián yuè   rì yǔn luò
6000万千米，于1958年1月4日陨落。

GPS是导航卫星全球定位系统，能在地球表面或近地空间的任何地点为用户提供全天候的三维坐标、速度以及时间数据。

天文望远镜可以帮助人们观察天体。

wèi shén me tiān wén wàng yuǎn jìng yuè lái yuè dà
为什么天文望远镜越来越大？

天文望远镜是观测天体、捕捉天体信息的主要工具。自 1609 年伽利略制作第一台望远镜以后，望远镜就开始不断发展，其观测能力也越来越强。通过观察能发现，天文望远镜的口径越来越大，这是因为大口径收集的光线更多，成像质量更高，这样就更有利于观察细节。

例如,被誉为"中国天眼"的射电望远镜口径就达到了500米,它是世界上已经建成的最大射电望远镜。"中国天眼"把反射面做成抛物面的形状,然后在焦点放置一台接收机,就可以汇集天体发出的电磁信号。而抛物面的面积越大,汇集的信号就越多,也就能探测到更暗弱、更遥远的天体。

探索小知识

天文台银白色的圆顶房屋,实际上是天文台的观测室,在圆顶和墙壁的接合部安装了由计算机控制的机械旋转系统,使观测研究变得十分方便。

航天服看起来好厚重呀！

它是宇航员进入太空的保护服哦！

wèi shén me háng tiān fú néng dǐ yù è liè de tài kōng huán jìng
为什么航天服能抵御恶劣的太空环境？

　　tài kōng de shēng cún huán jìng shí fēn è liè nà lǐ méi yǒu kōng qì dāng rán gèng bù kě
　　太空的生存环境十分恶劣：那里没有空气，当然更不可
néng yǒu yǎng qì qì yā jǐ hū wéi líng tài kōng hái shì yī gè gāo fú shè de huán jìng tài
能有氧气，气压几乎为零；太空还是一个高辐射的环境，太
yáng fā chū de guāngmáng zài nà lǐ méi yǒu dà qì céng zǔ dǎng duì rén tǐ huì chǎn shēng jí dà
阳发出的光芒在那里没有大气层阻挡，对人体会产生极大
de sǔn hài tài kōng zhōng wēn dù de biàn huà shí fēn jù liè bèi tài yáng guāng zhào shè shí wēn dù
的损害；太空中温度的变化十分剧烈，被太阳光照射时温度
jí gāo yī dàn tài yáng guāng bèi zhē zhù yòu huì biàn de shí fēn hán lěng chú cǐ zhī wài tài
极高，一旦太阳光被遮住又会变得十分寒冷；除此之外，太
kōng shì yī gè wēi zhòng lì de huán jìng háng tiān yuán zài tài kōng xíng zǒu jí shǐ chuān dài zhe hòu
空是一个微重力的环境，航天员在太空行走，即使穿戴着厚
zhòng de háng tiān fú kàn shàng qù què shì qīng piāo piāo de
重的航天服，看上去却是轻飘飘的。

航天服虽然看上去笨重，却是人类克服太空恶劣生存环境的秘密武器，它不仅制作工艺精细，而且用料也十分讲究。

一套航天服由很多层构成，每一层的材料和功能都不同。例如：贴身的内层要舒适、透气，是用棉织物制成的；保温层用的是质轻高效的保温材料，里面还有控制温度的聚氯乙烯管道，就像在身上安装了一个空调，既能制冷也能加热；气密层不能有丝毫缝隙，是用涂了氯丁橡胶的尼龙胶布和高强度的涤纶做成的；最外层是隔热和防辐射层，用的是特别的镀铝织物。整个航天服就像一个微型生存系统。

探索小知识

世界上第一个使用航天服装备的人是美国冒险家威利·波斯特。当时他穿的高空飞行压力服，是用发动机供压装置送出的空气压吹起来的气囊。

如何清理太空垃圾？

随着人们对太空进行探索的频率越来越高，太空中的垃圾也越来越多，这些太空垃圾包括运载火箭和航天器在发射过程中产生的碎片，还有报废的人造卫星以及航天器漏出的固体、液体材料等。如今，太空垃圾已有数千吨，它们对太空中的人造卫星、载人飞船或国际空间站的安全运行造成了威胁，那么该如何清理这些垃圾呢？

航天工程师想了几种方式来清理太空垃圾。第一种是对于一些仍能控制的报废航天器，可以将其进行焚烧处理。而人造卫星工作寿命终止后，可以用推力器使其减速，降低轨道高度，最后重新进入大气层自行焚毁。

另一种解决办法是让即将报废的人造卫星利用自身推力器飞到一条更高的轨道上，那里运行的航天器寥寥无几，因此与其他正在工作的卫星设备发生撞击的可能性也大大降低，可以最大限度保证航天器和宇航员的安全。

探索小知识

科学家还设想用航天飞机把损坏的卫星带回到地球，以减少太空的大件垃圾。也有科学家提出使用激光武器，将太空垃圾在太空中直接焚烧掉。

任务完成，准备脱离轨道进入大气层。

为什么飞船能够从太空安全回家？

飞船在轨道上运行的速度一般高达每秒7.9千米，要想进入大气层，首先要做的就是制动。当制动发动机开始工作，飞船的轨道高度会不断降低，等降低到一定高度后，飞船进入返回状态，此时返回舱会与轨道舱、推进舱分离，开始进入大气层。飞船的减速过程和进入大气层的轨道都是经

过精确计算的，而且要求非常严格，必须在特定高度以合适的"再入角"进入大气层。如果"再入角"过大，会导致返回舱进入大气层的速度过快，发生剧烈摩擦，像流星一样烧毁；如果"再入角"过小，又会像打水漂的瓦片一样被大气层"弹"回外层空间，很可能再也无法返回地面。

为了飞船能安全着陆，设计师还会面临很多难题，他们也采取了一系列的应对措施。比如在返回舱的表面涂上特殊防热层，安装了降落伞和着陆反推火箭等。有了这些保障，才可以保证返回舱和航天员安全顺利地从太空返回地球。

探索小知识

一些太空中的固体物质会受地球的引力作用从而进入地球大气层。大部分流星体在落地之前便会被消耗殆尽，少部分则会成为陨石掉到地上。

105

wèi shén me guó jì kōng jiān zhàn yào duō gè guó jiā lián hé jiàn shè

为什么国际空间站要多个国家联合建设？

guó jì kōng jiān zhàn yóu gè guó jiā lián hé jiàn zào qí zhōng yǐ měi guó é luó

国际空间站由16个国家联合建造，其中以美国、俄罗

sī wéi shǒu bāo kuò jiā ná dà rì běn bā xī yǐ jí gè ōu zhōu háng tiān jú chéng yuán

斯为首，包括加拿大、日本、巴西以及11个欧洲航天局成员

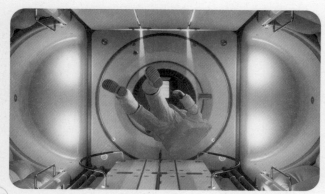

guó guó jì kōng jiān zhàn xiàng mù shì qì

国。国际空间站项目是迄

jīn shì jiè shang zuì dà hào shí zuì cháng

今世界上最大、耗时最长、

shè jí guó jiā zuì duō de guó jì hé zuò

涉及国家最多的国际合作

xiàng mù

项目。

gè guó zhī suǒ yǐ lián hé jiàn shè

各国之所以联合建设

国际空间站,是受到国家的政治、经济和技术因素影响。自1981年美国航天飞机首飞成功,美国航天局的空间站计划就被提上日程,美国还大力邀请其他国家也加入空间站计划,但因建造空间站要消耗大量的财力和物力,这让美国航天工业面临着巨大的压力。此时恰逢冷战结束后的俄罗斯航天工业也出现了危机,于是,俄罗斯便加入了国际空间站项目,并且带来了丰富的空间站建造和运作经验,解决了项目进行中的主要技术难题。

国际空间站经过十多年的建设,于2010年完成建造任务,并转入全面使用阶段。

探索小知识

2022年2月,美国国家航空航天局宣布,计划在2031年对国际空间站进行摧毁,其残骸将沉入南太平洋的无人区"尼莫点"。

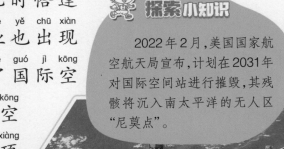

我刚从太空回来，感觉良好，正在进行隔离。

wèi shén me háng tiān yuán zài
为什么航天员在
fēi xíng qián hé fǎn huí hòu yào jìn xíng gé lí
飞行前和返回后要进行隔离？

háng tiān yuán zhǔn bèi jìn rù tài kōng zhī qián tōng
航天员准备进入太空之前，通
cháng huì jìn xíng wéi qī liǎng zhōu de gé lí qí mù dì
常会进行为期两周的隔离，其目的
shì wèi le bì miǎn háng tiān yuán gǎn rǎn mǒu xiē jí bìng
是为了避免航天员感染某些疾病，
jì ér yǐng xiǎng háng tiān rèn wu de wán chéng háng tiān yuán
继而影响航天任务的完成。航天员
chú le xū yào jìn xíng gé lí zhī wài hái yǒu yī xué
除了需要进行隔离之外，还有医学
zhuān jiā duì tā men de shēn tǐ jìn xíng bǎo yǎng yǐ què
专家对他们的身体进行保养，以确

保他们的状态达到最佳。

此外，航天员返回地球后，也要严格执行为期14天的隔离恢复制度。太空与地球的气压不同，航天员经过长时间的太空飞行，返回地面后会有一个再适应的过程。刚回来时，航天员的体质比较虚弱，地面上常见的病毒、细菌极易侵入他们的体内，从而对他们造成伤害。所以，进行科学的医学隔离十分必要。同时，这也有利于航天医学专家对航天员实施医学评价和制定恢复措施，还能避免航天员受到外界打扰，以便他们得到充分休息，尽快恢复到最佳状态。

探索小知识

太空中没有重力，这会使人的骨骼间的间隙增大。因此，航天员在太空中一般会长高2~4厘米，而回到地面后又会因重力恢复原来的身高。

是谁在开火星车？

火星车虽然也叫"车"，但是它和陆地上行驶的机动车可不一样，火星车既没有方向盘，也没有油门，那火星车为什么可以开动呢？

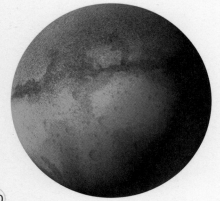

火星和地球的距离十分遥远，最近处的距离约为5500万千米，而最远处的距离甚至约为4亿千米。如此遥远的距离，导致它们来回通

信的时间也很长。因此，航天工程师主要通过两种方式控制火星车在火星表面工作：一是传输一系列特定的指令，然后交由火星车执行；二是在程式设定之初就选定出一个既定的目标，然后靠火星车自己计算、寻找一条最为合适的道路。

无论是哪种前行方式，火星车的运行都得靠工程师把程序编好，再通过航空航天局的深空探测网络才能送达火星车。航天工程师就是火星车的"驾驶员"，他们可以通过一种可视化的程序知道火星车的位置及其周围的地形，然后就可以为火星车规划行程了。

探索小知识

"祝融号"火星车高约1.85米，重约240千克，设计寿命为3个火星月，相当于92个地球日。

有一颗小行星正朝地球飞过来。

危险，要阻止它！

人类能阻止小行星撞击地球吗？

在地球附近分布着许多近地小行星，它们会对地球造成潜在的威胁。小行星撞击地球并不是危言耸听，地球上

至今还保存有160多个小行星撞击地球形成的撞击坑。

一旦小行星撞击地球，就会产生极高温和超高压的冲击波，导致森林大火、强烈

112

dì zhèn hé dà fàn wéi de hǎi xiào
地震和大范围的海啸。

yīn cǐ shì jiè gè dì de kē xué jiā dōu duì rú hé fáng yù xiǎo xíng xīng zhuàng jī dì
因此,世界各地的科学家都对如何防御小行星撞击地

qiú zhǎn kāi le yán jiū mù qián kē xué jiā tí chū le shù zhǒng fáng yù fāng àn jiào diǎn
球展开了研究。目前,科学家提出了数种防御方案。较典

xíng de fāng àn yǒu fā shè hé dàn zhà huǐ xiǎo xíng xīng zài xiǎo xíng xīng shang ān zhuāng tuī jìn
型的方案有:发射核弹炸毁小行星;在小行星上安装推进

zhuāng zhì jiāng qí tuī lí zhuàng jī dì qiú de guǐ dào zài xiǎo xíng xīng shang ān zhuāng tài yáng fān shǐ
装置将其推离撞击地球的轨道;在小行星上安装太阳帆使

qí xiàng yuǎn lí dì qiú de fāng xiàng yùn dòng děng bù guò mù qián zhè xiē fāng àn réng chǔ zài
其向远离地球的方向运动等。不过,目前这些方案仍处在

xiǎng xiàng jiē duàn
想象阶段。

探索小知识

迄今为止,登记在册且对地球具有威胁的近地小行星有1000余颗,它们的直径都大于150米,且其运行轨道在距离地球轨道750万千米的范围内。

113

人类第一次成功登月发生在什么时候?

1969 年 7 月 20 日,美国"阿波罗 11 号"飞船成功登陆月球,这也是人类第一次成功登月。

美国的"阿波罗计划"组织执行了 7 次载人登月任务。航天员们进行了几十项科学实验和勘测,拍摄了 15000 多张月球近距离照片,带回约 381.7 千克月球岩石和土壤的标本,还安装了 20 多种自动测试仪器。阿波罗计划是一次创举,它带来了前所未有的科学成果。

探索小知识

"阿波罗计划"中的 7 次载人登月任务只有 6 次是成功的,其中"阿波罗 13 号"因为服务舱液氧舱发生爆炸,登月计划被取消,但航天员安全返回了地球。

人类只有一个地球，关注和解决环境问题，是实现人类可持续发展的关键，这需要我们了解大自然，直面环境污染、能源稀缺等问题。保护地球与环境从此刻开始，从每个人做起。

地球与环境

DIQIU YU HUANJING

生命探测仪比狗的鼻子更灵敏吗？

在搜救被困人员时，主要采用的是以下三种探测仪，即光学生命探测仪、热红外生命探测仪和声波生命探测仪。

光学生命探测仪利用光反射进行生命探测，可以看到深处的情况；热红外生命探测仪通过感知温度差异来判断不同的目标，在黑暗中也可以照常工作；声波生命探测仪能探寻极其微弱的

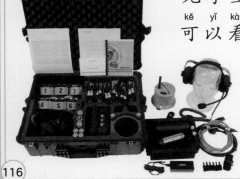

声音，只要幸存者的心脏还有微弱的跳动，或者他们不能说话而用手指轻轻敲击，声波生命探测仪就能探测出来。而在搜救现场靠气味识别的搜救犬，往往能首先发现幸存者，是当之无愧的"搜救专家"。

在现实搜救过程中，常常都是搜救犬迅速定位，然后搜救人员再用生命探测仪来确定生命迹象。从救援经验来看，搜救犬在很多时候比生命探测仪更迅速、灵敏和准确。如果幸存者被掩埋得较深，生命探测仪往往显得无能为力，而搜救犬可能会发现深处极微小的生命痕迹。无论是生命探测仪还是搜救犬，搜救方式都各有利弊。目前在搜救工作中，采取的是多种方法相结合的模式。

 探索小知识

狗分辨气味的能力是人的1000多倍，它们可以分辨出大约2万种不同的气味，而经过专门训练的优秀警犬甚至能辨别10万种以上的不同气味。

117

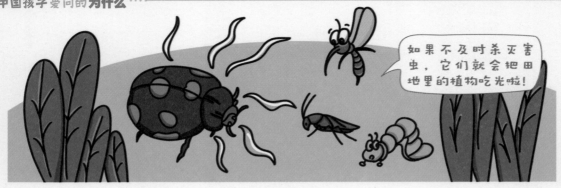

如果不及时杀灭害虫，它们就会把田地里的植物吃光啦！

néng bù néng lì yòng kūn chóng xìn xī sù lái xiāo miè hài chóng
能不能利用昆虫信息素来消灭害虫？

zài kūn chóng de shì jiè li　dāng cí chóngchéng shú hòu　jiù huì fēn mì yī zhǒng xìn xī sù
在昆虫的世界里，当雌虫成熟后，就会分泌一种信息素

xī yǐn xióngchóng　　kē xué jiā tōng guò kūn chóng de zhè ge tè diǎn tí chū le yī gè xiǎng fǎ
吸引雄虫。科学家通过昆虫的这个特点提出了一个想法：

rú guǒ kě yǐ tōng guò huà xué fāng fǎ hé chéng kūn chóng
如果可以通过化学方法合成昆虫

xìn xī sù　　jiù néng hěn róng yì jiāng xióngchóng jù dào yī
信息素，就能很容易将雄虫聚到一

qǐ　　zhè yàng shā miè chóng zi jiù hěn fāng biàn le　　yī
起，这样杀灭虫子就很方便了。一

dàn xióngchóng bèi dà liàng xiāo miè　　hài chóng jiù wú fǎ zhèng
旦雄虫被大量消灭，害虫就无法正

cháng fán zhí xià yī dài　　zhè yàng jiù kě yǐ zuì dà chéng
常繁殖下一代，这样就可以最大程

度保护农作物。

　　想要利用信息素消灭害虫，首先要弄清楚昆虫信息素的化学成分和分子结构。由于不同昆虫分泌的信息素不同，所以人工配制昆虫信息素需要按照严格的比例，一旦配比不对，昆虫就不会轻易"上当"。

　　在利用昆虫信息素除虫时，由于信息素的用量非常少，所以成本要比一般农药低得多。但是昆虫信息素只能招引害虫，不能杀灭害虫，因此可以把它作为农药的辅助手段，缩小农药的使用范围，减少使用量，提高使用效率。此外，昆虫信息素招引害虫有其特异性，因此它不会伤及益虫。

探索小知识

　　动物的信息素是动物间一种有效的化学通信物质，它能引起动物发育和行为的变化，如集群、驱逐、忌避等。

为什么要建设极地考察站？

人类的求知欲与好奇心促使着我们不断地进行科学探索。在地球上，南极和北极对科学研究来说蕴含着宝藏，对科研人员有着极大的吸引力。

南极地区矿产资源极为丰富，那里的煤、铁和石油的储量为世界第一。但由于南极海拔高，空气稀薄，再加上冰雪表面对太阳辐射的反射较强等，南极大陆成为世界上最寒冷的地区，那里的年平均气温仅为零下25℃。

为了方便科学家在极地工作，很多国家在极地建立了考察站。有的考察站常年有人驻守，主要负责气象、地震等常规观测。1985年2月20日，中国在位于西南极的乔治王岛建立了第一个南极考察站——长城站。1989年2月，中国在东南极大陆拉斯曼丘陵建立了中山站。

领先的技术

探索小知识

1804年，阿根廷建立了世界上第一个永久极地考察站——奥尔卡德斯站，它位于南奥克尼群岛。这个基地拥有11栋建筑物。

电子垃圾对环境有危害。

但它们可以回收再利用哦!

为什么说电子垃圾是"环境新杀手"?

随着电子产品更新换代越来越快,每年都有大量的电子垃圾产生,如废弃的电视机、空调、冰箱和手机等。

电子产品中使用了大量的化学物质,如电视机和手机等电子产品中都含有铅、铬等重金属,机壳塑料和电路板上含有阻燃剂,显示器、显像管和印刷电路板里含有铅,电路板上的焊料为铅锡合金,半导体和电池中含有镉,磁盘驱动器中含有铬,开关和传感器中含有汞,电线和包装套中含有聚氯乙烯等。这些物质在电子产品的生产和制作中功不可没，但是变成垃圾后，如果处理不当，对环境造成的危害也不可小觑。一旦它们进入大气、土壤和水中，会直接影响动植物的正常生长，并间接地通过呼吸或食物链进入人体，带来各类疾病，影响人的智力、免疫力、脏器功能、骨骼等方面，甚至引发肿瘤。

探索小知识

电子垃圾不能随便一丢了事，而要交给有专业资质的企业处理。实际上，如铅、汞、砷、镉等物质，在专业的回收处理后还可以再利用。

wèi shén me shuō rén lèi de shēng cún huán jìng
为什么说人类的生存环境

jì zài bù duàn kuò dà yòu zài bù duàn suō xiǎo
既在不断扩大，又在不断缩小？

　　dì qiú shang yǒu qī dà zhōu sì dà yáng dì qiú de biǎo miàn jī yuē wéi yì píng
地球上有七大洲、四大洋，地球的表面积约为5.1亿平

fāng qiān mǐ zhè ge miàn jī wú yí shì jù dà de suí zhe kē jì de fēi sù fā zhǎn jìn
方千米，这个面积无疑是巨大的。随着科技的飞速发展，进

rù shì jì yǐ hòu rén lèi yòu kāi shǐ xiàng tài kōng tàn suǒ cóng lù dì dào hǎi yáng
入20世纪以后，人类又开始向太空探索。从陆地到海洋、

cóng dì qiú dào tài kōng cóng zhè ge jiǎo dù lái kàn rén lèi de shēng cún huán jìng shì zài bù duàn
从地球到太空，从这个角度来看，人类的生存环境是在不断

kuò dà de
扩大的。

　　lìng yī fāng miàn rén lèi de shēng cún huán jìng yòu sì hū zài bù duàn suō xiǎo kē jì
另一方面，人类的生存环境又似乎在不断缩小。科技

de fā zhǎn ràng jiāo tōng gèng wéi biàn lì xiàn zài rén men
的发展让交通更为便利，现在人们
zhōu yóu shì jiè chéng zuò fēi jī zhǐ xū yào jǐ shí gè
周游世界，乘坐飞机只需要几十个
xiǎo shí diàn huà shì pín lián xì zhǐ yào jǐ fēn zhōng
小时，电话、视频联系只要几分钟，
shèn zhì jǐ miǎo zhōng zhěng gè dì qiú jiù rú tóng shì máng
甚至几秒钟，整个地球就如同是茫
máng yǔ zhòu zhōng de yī gè xiǎo cūn luò yīn cǐ yòu yǒu
茫宇宙中的一个小村落，因此又有
zhe rén lèi de shēng cún huán jìng zài bù duàn suō xiǎo de
着人类的生存环境在不断缩小的
gǎn jué
感觉。

探索小知识

　　伟大的探险家麦哲伦环球航行是世界航海史上的一大成就，他的船队于 1519 年 9 月 20 日出发，在 1522 年 9 月 6 日成功归来，总共历时 1082 天。

你知道为什么家里会有电吗?

知道，因为有供电网。

智能电网为我们的生活带来了哪些变化?

你知道智能电网是怎么让我们的生活更加便捷的吗?当加入智能电网后,电网工程师就会在我们的家里装上一个智能电表。这个电表并不是以往那种插卡计算电费的普通电表,它可以对家里所有的智能家电进行控制。比如,它可以自动

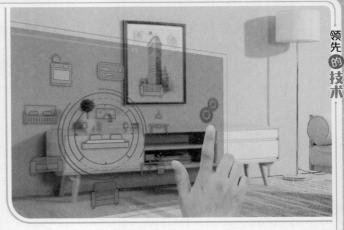

安排电热水器、洗衣机等在半夜工作，这样可以避开白天的用电高峰，充分利用晚间用电低谷时的电能，减少每月用电费用。

智能电网还能够做到"多网融合"。如果太阳能电池和风力发电机产生的电能使用不完，智能电表的控制终端就会把这些多余的电能储存到自备的储能电池里，这些电能可以用来给家里的电动汽车充电。如果储能电池也充满了，终端会把多余的电输送到电网上"出售"给电力公司，这样还能为家庭挣一些费用，此外智能电表还可以把买电和卖电的收支情况都记录得一清二楚。

探索小知识

通过智能电网，我们在下班或者放学的路上，就能用手机给智能电表的控制终端发送命令信息，直接控制家里的空调、电视机等设备。

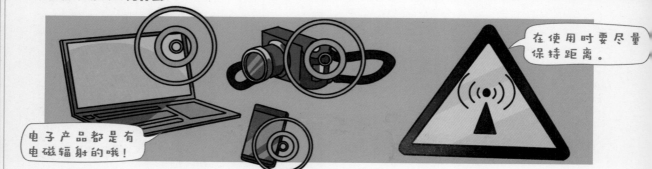

电子产品都是有电磁辐射的哦!

在使用时要尽量保持距离。

wèi shén me shuō diàn cí fú shè yě huì wū rǎn huán jìng
为什么说电磁辐射也会污染环境?

shǒu jī néng shì pín tōng huà diàn shì jī néng shōu kàn jīng cǎi de jié mù wēi bō lú néng
手机能视频通话,电视机能收看精彩的节目,微波炉能

kuài sù jiā rè shí wù zhè xiē diàn zǐ shè
快速加热食物……这些电子设

bèi dōu lì yòng le diàn cí bō de yuán lǐ
备都利用了电磁波的原理。

diàn cí bō suī rán kàn bù jiàn mō bù
电磁波虽然看不见、摸不

zháo dàn shí jì shàng tā pín fán de chū xiàn zài
着,但实际上它频繁地出现在

wǒ men shēng huó de huán jìng li dāng nǐ zhèng zài
我们生活的环境里。当你正在

shǐ yòng diàn nǎo shí shǒu jī lái diàn kě néng huì
使用电脑时,手机来电可能会

ràng diàn nǎo fā chū yī xiē zào shēng
让 电 脑 发 出 一 些 噪 声，
zhè shì yīn wèi diàn nǎo shòu dào shǒu jī
这 是 因 为 电 脑 受 到 手 机
diàn cí bō de gān rǎo diàn zǐ chǎn
电 磁 波 的 干 扰。电 子 产
pǐn zài gěi rén lèi dài lái jí dà biàn
品 在 给 人 类 带 来 极 大 便
lì de tóng shí yě bù kě bì miǎn
利 的 同 时，也 不 可 避 免
de zào chéng yī xiē wēi hài diàn cí
地 造 成 一 些 危 害。电 磁

bō huì gān rǎo diàn zǐ shè bèi yǐng xiǎng yí qì yí biǎo de zhèngcháng gōng zuò shèn zhì kě néng huì
波 会 干 扰 电 子 设 备，影 响 仪 器 仪 表 的 正 常 工 作，甚 至 可 能 会
yǐn qǐ shí fēn yán zhòng de hòu guǒ bǐ rú zào chéng fēi xíng qì zhǐ shì xìn hào shī wù yǐn qǐ
引 起 十 分 严 重 的 后 果，比 如 造 成 飞 行 器 指 示 信 号 失 误，引 起
fēi jī shī kòng děng
飞 机 失 控 等。

探索小知识

过量的电磁辐射对人类的
健康还有一定的影响。研究表
明，人如果长时间受到过量的
电磁辐射，会出现乏力、记忆力
减退等神经衰弱症状，以及心
悸、胸闷、视力下降等症状。

cǐ wài diàn cí bō hái huì chǎn shēng diàn cí fú
此 外，电 磁 波 还 会 产 生 电 磁 辐
shè guò liàng de diàn cí fú shè bù jǐn huì duì rén tǐ
射，过 量 的 电 磁 辐 射 不 仅 会 对 人 体
jiàn kāng zào chéng wēi hài hái huì wū rǎn wǒ men de shēng
健 康 造 成 危 害，还 会 污 染 我 们 的 生
huó huán jìng
活 环 境。

汽车尾气中含有大量二氧化碳。

尽量少开车，城市环境会越来越好。

wèi shén me yào kāi zhǎn　　wú chē rì　　huó dòng
为什么要开展"无车日"活动？

9月22日
世界无车日

随着我国经济的飞速发展，机动车和驾驶人保有量持续高位增长。截至目前，中国机动车保有量达3.93亿辆，驾驶人达4.79亿，位居世界第一。汽车为生活带来便利的同时，也让交通问题变得日益突出。许多大城市的道路建设远远滞后于车辆增加的速度，由此带来的交通堵塞、废气和噪声污染、车祸频发、能源供应短缺等问题，已经成为影响市民生活和城市发展的顽症之一。

　　"国际无车日"是每年的9月22日，我国于2007年开始开展"无车日"活动，提倡步行、骑自行车或乘坐公共交通工具出行。实践证明，"无车日"当天的道路交通和空气质量都有了很大的改善。

　　当然，一年一天的"无车日"只能起到一定的宣传作用，要想进一步解决交通问题，还需要我们每个人都能参与其中，做到低碳出行。

探索小知识

　　"地球一小时"活动，是提倡于每年3月最后一个星期六的当地时间晚上8点30分，家庭及商界用户关上不必要的电灯及耗电产品1小时。

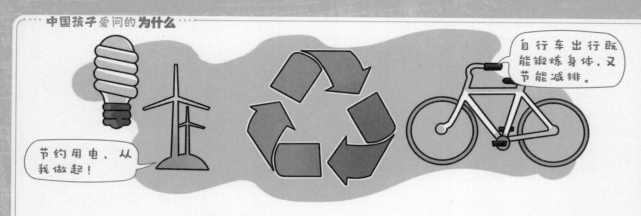

节约用电，从我做起！

自行车出行既能锻炼身体，又节能减排。

"低碳生活"是什么样的？

近年来，我们经常听到"低碳""减排"等词语。可是，什么样的生活才算是"低碳生活"呢？

日常生活中，坚持绿色出行、节约用电，其实就是在倡导"低碳生活"。"低碳生活"意在减少二氧化碳的排放，以一种低能量、低消耗、低开支的方式来生存。我们的日常生活离不开电，但很多国家的主要发电方式还是燃烧煤炭，这会排放出大量二氧化碳，所以我们每消耗一度电，就等同于向空气中排放一部分二氧化碳。

因此，"低碳减排"成了一项全人类的大工程。对于个人来说，我们可以从身边一点一滴做起，如养成随手关闭电源的习惯、积极参与植树活动、节约每一张纸、不用或少用一次性用品，等等。"低碳生活"并不遥远，只要每个人都能坚持这样的生活习惯，就能达到日积月累、聚沙成塔的效果，真正为降低大气中二氧化碳含量做出贡献。

探索小知识

汽油属于化石燃料，它在生产和使用时都会释放二氧化碳。这是温室气体的重要来源之一，因此使用公共交通工具出行也是节能减排的重要举措。

wèi shén me quán qiú qì hòu biàn nuǎn le
为什么全球气候变暖了，

yǒu xiē dì fang de dōng tiān què biàn lěng le
有些地方的冬天却变冷了？

dāng qián jī jí yìng duì quán qiú qì hòu biàn nuǎn wèn tí
当前，积极应对全球气候变暖问题

yǐ jīng chéng wéi quán qiú gòng shí rán ér jìn nián lái měi dào
已经成为全球共识。然而近年来，每到

dōng jì yǒu xiē qū yù de dī wēn tiān qì de jì lù què lǚ
冬季，有些区域的低温天气的纪录却屡

lǚ bèi gǎi xiě rú nián zhōng guó nán fāng fā shēng dà guī
屡被改写，如2008年中国南方发生大规

mó de bīng dòng zāi hài yīn cǐ dà jiā nán miǎn huì chǎn shēng
模的冰冻灾害。因此，大家难免会产生

zhè yàng de yí wèn quán qiú qì hòu biàn nuǎn le wèi shén me
这样的疑问：全球气候变暖了，为什么

yǒu xiē dì fang dōng tiān què biàn lěng le
有些地方冬天却变冷了？

zài quán qiú qì hòu biàn nuǎn de yǐng xiǎng xià   jí dì bīng chuān dà liàng róng huà   róng jiě de
在全球气候变暖的影响下，极地冰川大量融化，融解的

dàn shuǐ zhí jiē zhù rù dà hǎi   gǎi biàn le hǎi shuǐ liú dòng de guī lǜ   jìn ér yǐng xiǎng le quán
淡水直接注入大海，改变了海水流动的规律，进而影响了全

qiú de dà qì huán liú xíng shì   tōng guò hǎi yáng hé dà qì   lù dì hé dà qì de xiāng hù zuò
球的大气环流形势，通过海洋和大气、陆地和大气的相互作

yòng yǐng xiǎng le jú dì qì hòu   zhè yàng jiù zào chéng yǒu xiē dì qū de dōng jì gèng hán lěng
用影响了局地气候。这样就造成有些地区的冬季更寒冷。

探索小知识

1998年我国遭遇的特大洪水，厄尔尼诺便是最重要的影响因素之一。厄尔尼诺是一种周期性的自然现象，大约每隔7年出现一次。

我也想打伞。

下酸雨了。

wèi shén me suān yǔ néng huǐ huài lú gōu qiáo shí shī de róng mào

为什么酸雨能毁坏卢沟桥石狮的容貌？

xiāng xìn xiǎo péng you men dōu zuò guo zhè yàng de shí
相信小朋友们都做过这样的实
yàn jiāng jī dàn fàng dào bái cù zhōng jī dàn ké huì mào chū
验：将鸡蛋放到白醋中，鸡蛋壳会冒出
qì pào jìng zhì yī duàn shí jiān hòu zài jiāng jī dàn ná chū
气泡。静置一段时间后再将鸡蛋拿出
lái jiù huì fā xiàn jī dàn biàn de fēi cháng róu ruǎn mō qǐ
来，就会发现鸡蛋变得非常柔软，摸起
lái xiàng shì xiàng jiāo wán jù yī yàng zhè zhǒng xiàn xiàng bèi hòu
来像是橡胶玩具一样。这种现象背后
de yuán lǐ shì tàn suān gài jī dàn ké hé cù suān bái
的原理是碳酸钙（鸡蛋壳）和醋酸（白
cù fā shēng le fǎn yìng
醋）发生了反应。

探索小知识

卢沟桥有 800 余年的历史，它也是古代劳动人民智慧的体现。桥两侧的石栏上，有着约 500 个大小不一、形态各异的石狮子。

现在卢沟桥上的很多石狮已经面目全非了，原本精致细巧的雕刻纹理已经变了模样。这主要跟酸雨有关。一般来说，普通的雨水呈中性，短时间的冲击并不会对石狮造成太大影响。但酸雨就不一样了，由于酸雨中含有酸性物质，具有强烈的腐蚀作用。长年累月，石狮表层就开始膨胀起泡，出现裂纹，并逐渐大块剥落，最终就变得面目全非了。

为什么河流湖泊的"营养"不能太丰富？

如果仔细观察就会发现，在水草遍布的池塘里，经常会有死去的鱼儿翻了白肚皮漂在水面。你知道为什么会这样吗？

原来，这是因为河水中的"营养"太丰富了。这些"营养"大多来自耕地，人们通常会通过施肥来提高农产品的产量，但是植物吸收肥料的速度并不快，因此许多化肥就会在降雨或灌溉时发生流失，这些没有被吸收的化肥最终会流入江河湖泊。

而河流湖泊无法消化这些"营养"，化肥就会被河中或湖里的藻类吸收，进而导致其疯长。藻类会和鱼虾争抢太阳光、消耗水中的氧气，因此，水中的其他生物就会由于缺氧而死亡、腐烂。最后就会导致原本清澈干净的水体变绿、发臭。

探索小知识

水至清则无鱼，意思是水太清澈就没有足够的营养供水生微生物和藻类生长，使靠细菌和藻类为生的水蚤等生物都吃不饱，就更不会有小鱼、小虾了。

人类能够修复自然生态系统吗?

随着人类生活区域的不断扩大以及对资源需求的日益增加,目前,地球上有许多生态系统受到了不同程度的破坏。人们可以修复这些遭到破坏的生态系统吗?

答案是肯定的,如荷兰对围垦区进行了修复,即通过对该区域进行生态设计并种植了大量植物,以吸引鸟类在此安家。经过多年的努力,这里成了众多鸟类的栖息地,重新形成了健康的湿地生态系统。

探索小知识

1996年,《湿地公约》常务委员会决定,从1997年起,将每年的2月2日定为"世界湿地日",旨在提高人们的湿地保护意识。

海底能不能建设城市？时间旅行可能吗？已经灭绝的动物能被复活吗……科技发展到今天，一项项划时代的科技发明正在改变人类的生活。对于未来，我们无限展望。

畅想新技术

CHANGXIANG XIN JISHU

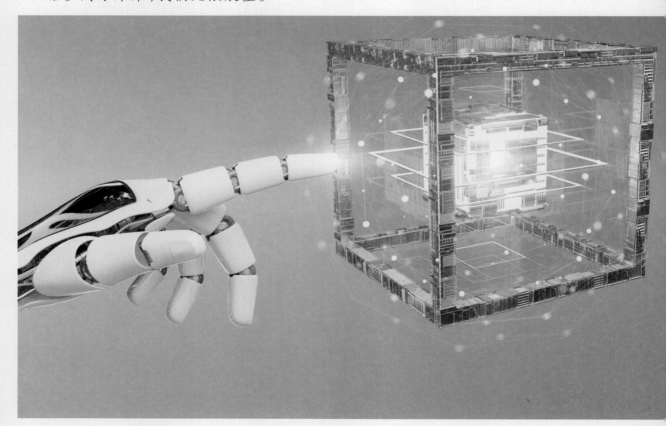

传说海底有一座叫亚特兰蒂斯的城市，你知道它在哪儿吗？

hǎi dǐ néng bù néng jiàn shè chéng shì
海底能不能建设城市？

随着时代的发展，陆地上的人口数量逐渐增加，人们担心有一天陆地的面积会不够用。为了解决这个问题，有人提出：为什么不在海底建造城市呢？

这个想法很新奇，不过实现起来难度有点大。首先，随着水的深度增加，水压会变大，人类是无法承受如此强大的海底压力的；其次，海底常常会有地震、火山喷发；再次，在海底建造城市耗资额巨大，建造成本会是一个天文数字；而且最重要的是，假如我们在海底建造城市，海平面必然会上升，沿海地区的一些地方会被淹没在水中，这就有点得不偿失了。另外，如果人类"入住"海底，会对其中的生态系统造成极大的破坏。

海底城市的想法很美好，但建起来的确很难。

探索小知识

亚特兰蒂斯是传说中沉没于海底的高度文明城市，据说这座海底城的动力之源是一种含有能量的水晶。在这座城市里，汽车还可以在天上飞呢！

机器人也会打工吗？

对呀，他们要给自己挣能源呢！

未来的机器人会超越人类吗？

在科幻电影《机器公敌》中，机器人的运算能力不断提高，它们学会了独立思考。但是由于人类和机器人的理念不同，于是，人与机器人的冲突开始了。

其实，关于机器人会超越人类这种担心并不是多余的。随着机器人

越来越智能，它们在社会生产和生活领域中所发挥的作用甚至超过熟练的劳动者。另外，对于一些高危职业或面对极寒、高海拔、地下挖掘等极端环境，机器人的机械化构造相较于人类的肉体具有更大的优势。因此，机器人在某些方面确实可以超越人类。

但是从目前来看，不管未来机器人的智慧发展到何等程度，它们的能力如何强于人类，活跃的领域又是何等宽广……归根结底，它们仅仅是人类制造的机器人，它们的"智慧"只不过是人类智慧的扩展和延伸。

探索小知识

科幻作家阿西莫夫在《我是机器人》一书中提出的"机器人三原则"为机器人研究人员、设计制造厂家和用户提供了十分有意义的指导方针。

这个转轮转多久后会停下来呢？

为什么永动机是不可能制成的？

"既要马儿跑，又要马儿不吃草"的做法，在实际生活中肯定是做不到的。历史上，有些人曾经设想制造出一台永动机。在人们的想象中，永动机是一种机械装置，它可以不停地自动运转，而且还可以举起重物等，代替人类做一些有意义的事情。然而，无论设计方案多么细致、精确，甚至是"煞费苦心"，在实际制作中都以失败而告终。你知道为什么会这样吗？

146

探索小知识

永动机指的是不需要外界输入能量或者只需要一个初始能量就可以永远做功的机械，但这种机械违反了能量守恒定律和热力学定律。

wú lùn shì xiào lǜ duō me gāo de jǐ xiè méi yǒu
无论是效率多么高的机械，没有
chí xù de néng liàng shū rù zài yùn zhuǎn yī duàn shí jiān zhī
持续的能量输入，在运转一段时间之
hòu tā men de yùn zhuǎn sù dù zhōng jiāng jiǎn màn xià lái
后，它们的运转速度终将减慢下来。
tā men de xiào lǜ gāo zhǐ shì yóu yú chū shǐ néng liàng dé dào le chōng fèn de lì yòng ér yǐ
它们的效率高只是由于初始能量得到了充分的利用而已，
méi yǒu rèn hé jǐ qì kě yǐ yǒng yuǎn bǎo chí gāo xiào yùn dòng zài jǐ xiè yùn zhuǎn de guò chéng
没有任何机器可以永远保持高效运动。在机械运转的过程
zhōng zǒng shì huì yǒu mǒu zhǒng xíng shì de zǔ ní xiào yìng cún zài lì rú kōng qì zǔ lì huò
中，总是会有某种形式的阻尼效应存在，例如空气阻力或
jǐ jiàn zhī jiān de mó cā lì děng zhè xiē mó cā lì huì yī diǎn diǎn de xiāo hào jǐ qì zì
机件之间的摩擦力等。这些摩擦力会一点点地消耗机器自
shēn de néng liàng zuì zhōng shǐ de jǐ qì tíng zhǐ yùn xíng
身的能量，最终使得机器停止运行。

147

科幻电影中的隔空传物可行吗？

魔术师在变魔术的时候可以把人"变"到另一个地方，看起来就像是电影里的隔空传物，十分神奇。其实电影里的隔空传物属于量子隐形传输，它和魔术中的传物其实是两码事。

在量子通信中，有一个

十分强大的概念——"量子纠缠态"，它指的是两个以上的光量子会构成纠缠态，其行为不可思议。就像是纠缠着的一对光量子双胞胎，当这对双胞胎分别朝两条路前进，它们彼此之间的距离会越来越远。但是，无论它们相距多远，哪怕相隔许多光年，这一对双胞胎也总能立即互相感应、互相关联。

量子纠缠这种诡异的远距离作用，用于量子通信是再好不过了。科学家们也在不断实践量子通信的可行性，并将其称为"量子态隐形传输"，而它在未来是否可以发展成科幻电影里的隔空传物呢？这还需要人们继续探索才行。

探索小知识

所谓的隐形传送，也可以看作是一种脱离实物的"完全"的信息传送。传送的仅仅是原物的量子态而不是原物本身。

能穿越时间到未来旅行吗？

真想体验一下呀！

shí jiān lǚ xíng kě néng shí xiàn ma
时间旅行可能实现吗？

shí jiān lǚ xíng shì yī zhǒng kē xué huàn xiǎng huó dòng zhǐ rén lí kāi xiàn zài ér zhì shēn
时间旅行是一种科学幻想活动，指人离开现在而置身
yú wèi lái huò guò qù nà me zhè ge xiǎng fǎ jiū jìng yǒu méi
于未来或过去。那么，这个想法究竟有没
yǒu kě néng shí xiàn ne qí shí zhè ge shè xiǎng cóng xiá yì xiāng
有可能实现呢？其实这个设想从狭义相
duì lùn de yuán zé shang lái shuō shì kě néng shí xiàn de
对论的原则上来说是可能实现的。

guān yú xiá yì xiāng duì lùn yǒu zhè yàng yī gè sī xiǎng shí
关于狭义相对论，有这样一个思想实
yàn yǒu yī duì nián qīng de shuāng bāo tāi xiōng dì gē ge zuò shàng
验：有一对年轻的双胞胎兄弟，哥哥坐上
guāng zǐ huǒ jiàn lǚ xíng ér dì di zài dì qiú shang děng tā huí
光子火箭旅行，而弟弟在地球上等他回

来。当弟弟成为白发苍苍的老人时，发现返回地球的哥哥还是像出发时那么年轻，而且哥哥并没有感觉旅行花费了很长时间。也就是说，哥哥漫游到了未来！这个思想实验被称为"双生子佯谬"。

尽管时间旅行从原理上是可行的，但是现在的技术还很难实现这个设想，毕竟我们的飞机的速度仅能达到光速的百万分之一。因此，制造光子火箭来让人直观地感受跳跃时间的技术，现在还远不能实现。

探索小知识

爱因斯坦将时间与空间放到同一维度，他推导出某些大质量恒星会终结为黑洞——时空中某些区域发生极度的扭曲以至于连光都无法逸出。

151

这款汽车不需要驾驶人就能行驶，真是太厉害了！

无人驾驶汽车能被普及应用吗？

无人驾驶汽车是一种通过电脑系统进行操控的智能汽车。它利用车载传感器来感知车辆周围的环境，并根据感知所获得的道路、车辆位置和障碍物信息来控制车辆，从而使车辆能够安全、可靠地在道路上行驶。

人工驾驶汽车时出现的大部分交通事故都源于驾驶人的疏忽大意以及一些不安全的驾驶行为，如开车时打电话、酒后驾驶或疲劳驾驶等。

而无人驾驶汽车不需要人来操作，能减少很多因人为失误而出现的问题，从而大幅度地减少交通事故和人员伤亡。实际上，无人驾驶汽车已经不能算是传统意义上的汽车了，它更像是一辆移动的轮式机器人。

探索小知识

无人驾驶汽车使用视频摄像头、雷达传感器以及激光测距器来了解周围的交通状况，并通过一个详尽的地图对前方的道路进行导航。

153

打开客厅灯光。

扫地机器人,开始打扫房间。

未来人们的居家生活会有怎样的改变?

随着科学技术的发展,未来人们的居家生活将会发生翻天覆地的变化。以前只能在电影里看到的"智能住宅"在现实中也能够实现。

例如,当你来到自家门口,门口的身份识别系统会自动识别分析,识别成功后就会为你打开大门。若是陌生人,系统会发出提

示，只有得到屋内主人的确认，系统才会开门迎接客人。若识别出是网络上已公布的危险分子，它会自动发出警报。

进入大厅，你会感觉非常舒适，因为家里的控制台可以自动检测全屋的温度和湿度，并自动调整至最舒适的状态。厨房里的自动化程度更高，只要你说出菜名，就能实现自动化烹饪，不一会儿，香喷喷的饭菜就会出炉。吃完饭后，洗涤碗筷这些活就都交给清洗机和烘干机吧。卧室则能根据人们的心情调节自身的亮度和色彩，让人快速进入休息模式。

探索小知识

或许在未来，家里的电视可以实现全息的模式，这可以让人们的沉浸感更加强烈，感觉自己进入了电视场景，能体会到虚拟的人生。

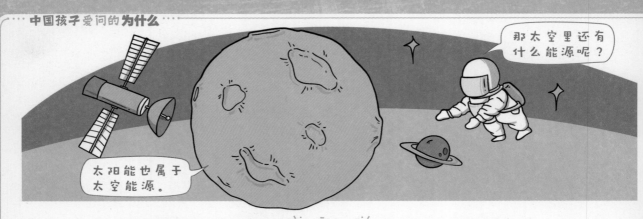

那太空里还有什么能源呢？

太阳能也属于太空能源。

人类能不能从外星球采集资源？

随着地球资源日益减少，人们开始考虑从宇宙中获取能源，如太阳就是一个大大的"能量体"，它每时每刻都辐射出巨大的能量，像一个炽热的大火球，给地球带来光和热。除了太阳，其他星球上也蕴含着非常丰富的资源。当前，人类已经可以把探测器送到月球，

甚至是火星上，但是还很难将开采到的资源运回地球，或者说运输这些资源所花费的成本要远远超过这些资源本身的价值。所以现阶段从外星球开采资源还处于一个试验阶段。

不过有一些科学家提出了另外的思路。他们打算去捕获这些星球。据估计，一颗直径为1千米的小行星，可能含有3000万吨镍、150万吨钴和7500吨铂，而这种规模的小行星在太阳系中差不多有100万颗。科学家设想通过小型飞船将小行星捕获，然后将这些飘浮在太空中的金山"拖拽"到地球附近。这个计划能否实现呢？让我们拭目以待吧！

探索小知识

碳质小行星属于 C 类行星，它是宇宙中数量最多的一种，可能含有大量可以发掘的水源。这些资源可以分解成氧和氢，可以用于火箭燃料的生产。

那只恐龙的个头真大！

走起路来地动山摇。

<ruby>已<rt>yǐ</rt></ruby><ruby>经<rt>jīng</rt></ruby><ruby>灭<rt>miè</rt></ruby><ruby>绝<rt>jué</rt></ruby><ruby>的<rt>de</rt></ruby><ruby>动<rt>dòng</rt></ruby><ruby>物<rt>wù</rt></ruby><ruby>能<rt>néng</rt></ruby><ruby>被<rt>bèi</rt></ruby><ruby>复<rt>fù</rt></ruby><ruby>活<rt>huó</rt></ruby><ruby>吗<rt>ma</rt></ruby>？

已经灭绝的动物能被复活吗？

<ruby>随<rt>suí</rt></ruby><ruby>着<rt>zhe</rt></ruby><ruby>时<rt>shí</rt></ruby><ruby>代<rt>dài</rt></ruby><ruby>的<rt>de</rt></ruby><ruby>变<rt>biàn</rt></ruby><ruby>迁<rt>qiān</rt></ruby>，<ruby>地<rt>dì</rt></ruby><ruby>球<rt>qiú</rt></ruby><ruby>上<rt>shang</rt></ruby><ruby>的<rt>de</rt></ruby><ruby>许<rt>xǔ</rt></ruby><ruby>多<rt>duō</rt></ruby><ruby>生<rt>shēng</rt></ruby><ruby>物<rt>wù</rt></ruby><ruby>已<rt>yǐ</rt></ruby><ruby>经<rt>jīng</rt></ruby><ruby>灭<rt>miè</rt></ruby><ruby>绝<rt>jué</rt></ruby>。<ruby>那<rt>nà</rt></ruby><ruby>么<rt>me</rt></ruby>，<ruby>这<rt>zhè</rt></ruby><ruby>些<rt>xiē</rt></ruby><ruby>已<rt>yǐ</rt></ruby><ruby>灭<rt>miè</rt></ruby><ruby>绝<rt>jué</rt></ruby><ruby>的<rt>de</rt></ruby><ruby>生<rt>shēng</rt></ruby><ruby>物<rt>wù</rt></ruby><ruby>可<rt>kě</rt></ruby><ruby>以<rt>yǐ</rt></ruby><ruby>复<rt>fù</rt></ruby><ruby>活<rt>huó</rt></ruby><ruby>吗<rt>ma</rt></ruby>？

<ruby>有<rt>yǒu</rt></ruby><ruby>人<rt>rén</rt></ruby><ruby>认<rt>rèn</rt></ruby><ruby>为<rt>wéi</rt></ruby>，<ruby>可<rt>kě</rt></ruby><ruby>以<rt>yǐ</rt></ruby><ruby>通<rt>tōng</rt></ruby><ruby>过<rt>guò</rt></ruby><ruby>克<rt>kè</rt></ruby><ruby>隆<rt>lóng</rt></ruby>，<ruby>也<rt>yě</rt></ruby><ruby>就<rt>jiù</rt></ruby><ruby>是<rt>shì</rt></ruby><ruby>借<rt>jiè</rt></ruby><ruby>助<rt>zhù</rt></ruby><ruby>基<rt>jī</rt></ruby><ruby>因<rt>yīn</rt></ruby><ruby>和<rt>hé</rt></ruby><ruby>干<rt>gàn</rt></ruby><ruby>细<rt>xì</rt></ruby><ruby>胞<rt>bāo</rt></ruby><ruby>技<rt>jì</rt></ruby><ruby>术<rt>shù</rt></ruby><ruby>来<rt>lái</rt></ruby><ruby>拯<rt>zhěng</rt></ruby><ruby>救<rt>jiù</rt></ruby><ruby>一<rt>yī</rt></ruby><ruby>些<rt>xiē</rt></ruby><ruby>濒<rt>bīn</rt></ruby><ruby>临<rt>lín</rt></ruby><ruby>灭<rt>miè</rt></ruby><ruby>绝<rt>jué</rt></ruby><ruby>的<rt>de</rt></ruby><ruby>动<rt>dòng</rt></ruby><ruby>物<rt>wù</rt></ruby>，<ruby>或<rt>huò</rt></ruby><ruby>者<rt>zhě</rt></ruby><ruby>利<rt>lì</rt></ruby><ruby>用<rt>yòng</rt></ruby><ruby>这<rt>zhè</rt></ruby><ruby>种<rt>zhǒng</rt></ruby><ruby>技<rt>jì</rt></ruby><ruby>术<rt>shù</rt></ruby><ruby>让<rt>ràng</rt></ruby><ruby>一<rt>yī</rt></ruby><ruby>些<rt>xiē</rt></ruby><ruby>已<rt>yǐ</rt></ruby><ruby>灭<rt>miè</rt></ruby><ruby>绝<rt>jué</rt></ruby><ruby>的<rt>de</rt></ruby><ruby>动<rt>dòng</rt></ruby><ruby>物<rt>wù</rt></ruby><ruby>借<rt>jiè</rt></ruby><ruby>助<rt>zhù</rt></ruby><ruby>近<rt>jìn</rt></ruby><ruby>亲<rt>qīn</rt></ruby>DNA<ruby>得<rt>dé</rt></ruby><ruby>以<rt>yǐ</rt></ruby><ruby>复<rt>fù</rt></ruby><ruby>活<rt>huó</rt></ruby>。

虽然这个想法令人欢欣鼓舞，但是要让已经灭绝的物种复活，首先必须要能提取到它们

的DNA。目前，灭绝动物的DNA难以发现，也难以提纯。其次，DNA具有半衰期，它会随着时间的推移而逐渐消失。理想状态下，DNA可以保存680万年，但一些动物灭绝的时间十分久远，如恐龙的灭绝时间距今至少6500万年。

除此之外，灭绝动物即便被克隆出来，但由于古今环境的差异巨大，它们也很可能无法适应而只能待在动物园或研究所里了。所以复活已经灭绝的动物基本是不可能完成的。

探索小知识

爱尔兰大角鹿是历史上最大的鹿，主要分布在欧洲、俄罗斯等地区，雄鹿头上的角硕大，最大的两角宽度足足有3米多，于7000多年前灭绝。

去探索 去发现 去创造

用科技点亮未来

扫码获取
更多资源

科学启蒙
每天5分钟
科技世界尽情畅游

学玩STEM
看动画学知识
边看边学乐趣无穷

科学实验室
动手创造
真实感受科技魅力

科学知识抢答赛
较量智慧
掀起科学讨论风暴